Alfa Romeo

Alessandro Sannia

100 ans de légende
100 years of legend

TECIUM
PUBLISHERS

Alfa Romeo
100 ans de légende / *100 years of legend*

Texte / *Texts:* Alessandro Sannia
Traduction anglaise / *English translation:* Studio Booksystem, Bernie Brady
Traduction française / *French translation:* Anne Balbo
Direction artistique & mise en page / *Art & layout:* Guillermo Vincenti – Deik
Photographies / *Photographs:* Archivio Alessandro Sannia; Alfa Romeo

Édition français-anglais / *French-English edition* :
© 2010 **Tectum Publishers**
Godefriduskaai 22
2000 Antwerp
Belgium
info@tectum.be
+ 32 3 226 66 73
www.tectum.be

ISBN: 978-90-7976-150-0
WD: 2010/9021/30
(119)

Édition originale / *Original edition:*
© 2010 **Edizioni Gribaudo srl**
Via Natale Battaglia, 12
12027 Milano
e-mail: info@gribaudo.it
www.edizionigribaudo.it

Impression / *Printed by*: Grafiche Busti – Colognola ai Colli (VR) - Italy

SOMMAIRE   CONTENTS

Les informations contenues dans le présent ouvrage expriment les opinions personnelles de l'auteur et ne représentent nullement le point de vue de la société au sein de laquelle il est employé. Elles n'ont en outre aucun rapport avec la fonction qu'il y occupe.

The contents of this book are the personal opinions of the author and do not represent the company where he works, and are in no way connected to the position he holds.

LES ORIGINES, DARRACQ ET L'ANONIMA LOMBARDA

The origins, Darracq and the Anonima Lombarda

L'histoire du constructeur automobile italien, comptant parmi les plus célèbres fabricants de voitures au monde, débute officiellement à Milan le 24 juin 1910. Ses origines remontent, toutefois, un peu plus loin dans le passé et sont liées à Pierre Alexandre Darracq, un gentleman français plutôt éclectique. Financier avisé et homme d'affaires très ambitieux, n'ayant pas à proprement parler de véritable penchant pour les automobiles, M. Darracq produisait des bicyclettes à la fin du XIXe siècle avant de se lancer dans la vente de voitures, une fois convaincu de leur gros potentiel commercial. En 1896, il crée la société Automobiles Darracq S.A. à Suresnes, près de Paris, où il produit des véhicules électriques. Il va ensuite y fabriquer, à partir de 1900, des véhicules possédant un moteur à combustion interne. Pierre Darracq mérite d'être reconnu pour sa contribution fondamentale à la naissance d'un grand nom du monde de l'industrie automobile. Louis Chevrolet a, en effet, travaillé pour lui comme chef de service. Pour soutenir son expansion au sein de l'industrie automobile, Darracq va s'associer en 1902 avec les héritiers d'Adam Opel qui construisaient jusqu'alors des machines à coudre et des bicyclettes. Par la suite, Darracq crée successivement plusieurs compagnies : la filiale A. Darracq & Co. Ltd. à Londres en 1905, la Società Italiana Automobili Darracq à Naples en 1906, et la Sociedad Anonima Española de Automoviles Darracq à Vitoria en 1907.

The story of one of the most famous Italian car manufacturers in the world officially began in Milan on 24th June 1910. Its origins, however, trace from a little further back and are tied to Pierre Alexandre Darracq, an eclectic French gentleman. A refined financer and very keen businessman with little fondness for motorcars, Mr. Darracq was producing bicycles at the end of the 1800s but began to sell cars once he recognised their business potential. He founded Automobiles Darracq S.A. in Suresnes near Paris in 1896 where he produced electric vehicles and in 1900 also vehicles with an internal combustion engine. Mr. Darracq must be recognised for his fundamental contribution to the birth of a great name in the automobile industry. Louis Chevrolet worked for him as a departmental head. Darracq formed an alliance for support in moving into the automobile industry in 1902 with the heirs to Adam Opel, who at that time manufactured sewing machines and bicycles. Darracq then formed successive companies: A. Darracq Co. Ltd. in London in 1905, Società Italiana Automobili Darracq in Napoli in 1906 and Sociedad Anonima Española de Automó viles Darracq in Vitoria in 1907.

Une publicité de 1906 pour Darracq Italiana, dont le siège social est situé Strada del Portello, à Milan. Le site deviendra plus tard celui d'Alfa Romeo.

A 1906 advertisement for Darracq Italiana, which had its head office in Strada del Portello, Milan. Later it would become Alfa Romeo.

Ci-dessus : *l'ALFA 24 HP (1910).*
Il s'agit de la première voiture
produite par la société
lombarde.
À droite : *le deuxième modèle*
ALFA, la 12 HP (1910).

Left: The 24 Hp ALFA, 1910.
The first car produced
by the Lombard Company.
Opposite page: The second ALFA
model, the 12 Hp from 1910.

La filiale localisée à Naples présente d'emblée des difficultés, principalement en raison de son éloignement de la France. Par conséquent, Darracq prend la décision de déplacer l'usine plus au nord ; il acquiert fin 1906 un terrain à Milan, dans la zone industrielle de Portello, au nord-ouest de la ville. Il y construit une usine pour la fabrication de voitures dont les composants sont envoyés directement par la maison mère transalpine de la société. Malgré ce transfert, les affaires ne sont pas florissantes. Darracq décide alors de céder le tout à un groupe de financiers lombards en 1909. Peu après, Darracq se retire définitivement du secteur automobile et se consacre à l'immobilier ainsi qu'à la gestion du célèbre hôtel Négresco à Nice.

Ugo Stella avait néanmoins déjà entrepris de résoudre les problèmes de l'usine de Milan. Stella était un aristocrate ayant précédemment travaillé comme agent commercial pour Darracq en Italie, avant d'occuper la fonction de directeur général de la filiale italienne de la société. Selon lui, l'échec de la compagnie était lié au fait que le site de Portello produisait uniquement les plus petits modèles de la gamme Darracq. Ces voitures n'étaient pas totalement fiables ni appropriées aux routes italiennes. C'est la raison pour laquelle Stella décide d'engager l'ingénieur Giuseppe Merosi comme chef d'équipe au début de l'année 1909. Originaire de Piacenza, Merosi possédait une expérience exceptionnelle étant donné qu'il avait travaillé pour les équipes de course de Bianchi et de Fiat.

The venture in Napoli immediately proved quite challenging especially due to its distance from France. As a result Darracq decided to relocate further north and at the end of 1906 he had acquired a piece of land in Milan, in Portello St. in the north west outskirts of the city. Here he built a factory to manufacture his cars with parts sent from the company's transalpine parent company. Notwithstanding this move, business continued to go badly and consequently Darracq decided to sell everything to a group of Lombard investors in 1909. Soon after this Darracq left the automobile industry completely and became involved in real estate, including the celebrated Negresco Hotel in Nice.

Meanwhile, Mr. Ugo Stella set about trying to resolve the factory's problems in Milan. Mr. Stella was an aristocratic gentleman who had previously worked as a commercial agent for Darracq in Italy and had also held the position of managing director of the Italian branch of the company. Stella was convinced that the company's failure stemmed from the fact that in Portello only the smaller models from the Darracq range were being built. These cars were not completely reliable and unsuitable for Italian roads. As a result of this assumption Stella employed Giuseppe Merosi as team manager at the beginning of 1909. Merosi from Piacenza had exceptional experience from working at both Bianchi and on the Fiat racing team.

l'ALFA 20-30 HP (1914), une version évoluée de l'ALFA 12 HP.

20-30 Hp ALFA, a 1914 development of the previous 12 Hp.

Quand Darracq exprime sa ferme intention de quitter définitivement la compagnie, Stella et quelques investisseurs décident alors de reprendre les rênes de celle-ci et confient à Merosi la tâche de concevoir une toute nouvelle voiture. Le transfert de propriété s'effectue le 24 juin 1910 et une nouvelle société voit le jour sous le nom d'Anonima Lombarda Fabbrica di Automobili, mieux connue ensuite par le biais de son acronyme ALFA, la première lettre de l'alphabet grec. Le logo dessiné par Merosi rappelle les traditions de la ville de Milan : à gauche, une croix rouge sur fond blanc, qui est le symbole de la capitale lombarde, et à droite, le blason de la famille des Visconti (les seigneurs de Milan du XIIIe au XVe siècle) représentant un serpent (le fameux « biscione ») en train de dévorer un sarrasin. Le contour sur fond bleu arbore les mentions ALFA et MILANO, séparée par deux nœuds de la Maison de Savoie, en hommage au royaume d'Italie.

Once it became clear that Darracq intended to leave the company completely, Stella along with some financial backers took over and assigned Merosi the task of designing a completely new car. The transfer of title took place june 24 1910 and the new company came into being under the name Anonima Lombarda Fabbrica di Automobili, which became better known by the symbol ALFA, the first letter of the Greek alphabet. The logo, which was designed by Merosi, draws from Milan city traditions; on the left is a red cross in a white background, which is the medieval symbol of Milan, on the right the Visconti family coat of arms (Lords of Milan from the 13th to 15th centuries), which shows a snake ("biscione") eating a Saracen. Encircling these on a blue background are the words ALFA and Milan separated by two Savoy dynasty knots, in honour of the Italian kingdom.

À la même période, un nouveau modèle est commercialisé : il s'agit de l'Alfa 24 HP dont le nom renvoie à sa puissance en chevaux fiscaux, alors que son potentiel réel est de 42 CV grâce à son moteur de quatre litres, équipé de quatre cylindres, avec soupapes latérales. Cette voiture est vendue avec un châssis « nu », permettant à chaque acheteur de la confier à son propre carrossier privé pour obtenir la finition désirée, comme cela se pratiquait à l'époque. La nouvelle marque ALFA se crée immédiatement une belle réputation pour ses performances extraordinaires – la voiture autorisait des pointes jusqu'à 100km/h, une vitesse stupéfiante pour l'époque, et se distinguait également par sa robustesse.

Dans la foulée du succès commercial de la 24 HP, le modèle 12 HP est ajouté à la gamme au cours de l'année 1910. Plus petit, il possède un moteur de 2.4 litres d'une puissance de 22 CV. En 1911, la 15 HP est commercialisée. Ce modèle est équipé d'un moteur légèrement plus puissant (24 CV). ALFA fait son entrée, la même année, dans le monde de la course automobile en participant à la Targa Florio avec un modèle de compétition 24 HP.

Merosi était un designer exceptionnel dont les recherches dans le domaine de l'automobile allaient s'avérer très fructueuses et rentables. Les deux modèles originaux sont améliorés à plusieurs reprises au cours des années précédant la Grande Guerre et gagnent toujours plus en puissance. Mise au point en 1913,

At the same time a new model was being marketed, the 24 Hp whose name referred to its legal horsepower, while its real potential due to its four cylinder with side valves, four litre engine was 42 horsepower. This car was sold with "naked" chassis, allowing each individual buyer to use their own private coachbuilder to finish it as desired, as was customary in that period. The ALFA immediately distinguished itself for its extraordinary performance – it could reach 100km/hr which was an unbelievable speed at that time and this was coupled with its sturdiness.

During 1910 following the commercial success of the 24 Hp the smaller 12 Hp was added to the range, it had a 2.4litre engine and 22 horsepower. In 1911 the 15 Hp was introduced with a slightly more powerful engine at 24 horsepower. This same year also saw ALFA's entrance into the sporting world with its participation in the Targa Florio with a specially modified 24 Hp.

Merosi was an exceptional designer and his research into motorcars was continuous and profitable. The two former models were updated many times in the years leading up to the Great War, continuously increasing their power. The 40-60 Hp was born in 1913, this was an evolution of the previous model and had a powerful six litre engine which allowed it to reach the incredible speed of 125km/hr, always hoping for a road where this would be possible...

l'Alfa 40-60 HP est une évolution du modèle précédent : elle est équipée d'un moteur puissant de six litres permettant d'atteindre la vitesse inouïe de 125km/h – dans l'espoir, néanmoins, de trouver une route où il est possible de pratiquer une telle vitesse…

En 1914, Merosi avait déjà conçu un moteur seize soupapes innovant, à double arbre à cames avec double allumage, un exploit loin toutefois de permettre une production de masse. Il est, en outre, le créateur de deux des caractéristiques les plus distinctives d'ALFA qui vont apparaître au cours des décennies à venir – le « Bialbero » et le Twin Spark.

Aux portes de la Première Guerre Mondiale, le groupe d'investisseurs détenant les parts d'ALFA ne dispose pas d'un réseau de relations lui permettant de décrocher des contrats militaires. Il va sans dire qu'en l'absence de tels contrats, une usine mécanique se trouve menacée de ne plus rien produire. C'est ce qui conduit finalement le conseil d'administration à céder l'entreprise à la Banca Italiana di Sconto. La banque avait déjà en vue un homme d'affaires intéressé par la reprise de la société : l'ère de Nicola Romeo allait commencer.

By 1914 Merosi had already designed an innovative sixteen valve, twin-camshaft engine with twin ignition, a feat still a long way from possible mass production yet it was the progenitor of two of ALFA's most distinctive traits which would appear over the following decades – the "bialbero" and the twin-spark.

With the First World War at the door the group of investors who held ALFA's shares didn't have enough connections to be considered for military contracts. It goes without saying that without these contracts a mechanics factory in war time would find itself in danger of not yielding anything more thus the board of directors decided to sell everything to the Banca Italiana di Sconto. The bank already had an interested businessman in its sights to take over the company. Nicola Romeo's era was about to begin.

Ci-dessus, à gauche :
*le logo de l'Anonima
Lombarda Fabbrica
Automobili (1910).*
Ci-dessus, à droite :
*le logo adopté en 1919,
après la reprise d'ALFA par
Nicola Romeo. Il est
modifié en 1925, avec
l'ajout de la couronne de
laurier du championnat du
monde.*
Ci-dessous, à gauche :
*en 1946, lorsque l'Italie
devient une république,
le logo est de nouveau
modifié, les nœuds de la
Maison de Savoie sont
remplacés par un motif
géométrique.*
Ci-dessous, à droite :
*le logo actuel, duquel le
mot « Milan » a été
supprimé après l'ouverture
de l'usine Alfasud à
Pomigliano d'Arco (1972).*

Above left: *the Anonima
Lombarda Fabbrica
Automobili badge (1910).*
Above right: *the badge
adopted in 1919 after
ALFA passed into the
hands of Nicola Romeo.
Later modified in 1925
with the addition of the
laurel crown of the
World Championship.*
Below left: *on Italy
becoming a Republic the
badge was again modified
in 1946, the Savoy dynasty
knots were replaced with
a geometric motif.*
Below right: *the present
badge, from which the
word Milan was removed
following the opening
of Alfasud in Pomigliano
d'Arco (1972).*

NICOLA ROMEO
ET LA PÉRIODE DE
L'ENTRE-DEUX-GUERRES

Nicola Romeo
and the Period
between the Two Wars

Fils d'un instituteur, Nicola Romeo naît à Sant'Antimo, dans la province de Naples, le 28 avril 1876. Très tôt, il montre une aptitude pour la technologie et l'électronique. Après ses études secondaires, il décroche un diplôme d'ingénieur en mécanique à l'École polytechnique de Naples et émigre ensuite à Liège, en Belgique, où il poursuit ses études et devient également ingénieur en électrotechnique. Il commence sa carrière en Italie comme agent commercial pour la société britannique Blackwell qui produit du matériel roulant et du matériel électrique. Par la suite, Nicolas Romeo crée sa propre société et vend des compresseurs ainsi que l'outillage de mines fabriqués par Ingersoll-Rand aux États-Unis. Voyant que les affaires se portent bien, il décide d'ouvrir un atelier de montage à Milan en 1909, pour y assembler directement ces produits en Italie et proposer un service à la clientèle. En juillet 1915, grâce à l'appui d'un ami à la Banca Italiana di Sconto (BIS), Romeo obtient un marché public d'un montant de 23 millions de lires pour la production d'un million et demi de cartouches de 75 mm. Il va de soi qu'il était impossible pour Romeo d'honorer cette commande dans son atelier comptant à peine une cinquantaine travailleurs. La solution est apportée par la BIS, qui lui confie la direction des ateliers de Portello le 4 août.

Nicola Romeo was born in Sant'Antimo in the province of Napoli on 28th April 1876. He was the son of an elementary school teacher and very early on showed a natural aptitude for technology and electronics. After secondary school, he received a degree in mechanical engineering from Napoli Polytechnic and after that a further degree in electrical engineering from Liegi in Belgium. Initially, he worked as a commercial agent for Blackwell in Italy. This was a British company which produced rolling stock and electrical material. Following this, Romeo founded his own company through which he sold compressors and mining machinery produced by Ingersoll-Rand in the United States. On seeing that the business was going well, Romeo decided to open an assembly plant in Milan in 1909 to assemble these products directly in Italy and to offer customer service as well. In July 1915, thanks to the support of a friend in the Banca Italiana di Sconto (BIS), Romeo succeeded in winning a public contract for the production of one and a half million 75 mm ammunition rounds worth 23 million Lire. Obviously it would have been impossible for Romeo to fulfil this order in his plant with only fifty workers, however, by August 4 the BIS had already given him directorship of Portello.

La production d'ALFA reprend après la Grande Guerre avec le modèle 20-30 HP (1919), dérivé du modèle précédent du même nom.

ALFA's production restarted after the Great War with the 1919 20-30 Hp derived from previous model of the same name.

*Après la Première Guerre Mondiale, Alfa Romeo se consacre à la production
de plus grands modèles.*
Ci-dessus : *la G1 (1921).* Page ci-contre : *la RL avec une carrosserie* Dorsay de ville.

After WWI Alfa Romeo dedicated itself to large models.
Above The 1921 G1, *left* a RL with *dorsay de ville* bodywork.

En décembre de la même année, ALFA est absorbée par la société de Romeo : la Società Ingegner Nicola Romeo & Co.

Conséquence de ce changement, les activités de Portello sont radicalement et entièrement reconverties pour permettre la production de matériel militaire. Romeo y produit des munitions d'artillerie et de l'outillage de mines. Ce matériel revêt une importance stratégique dans la guerre de tranchées qui se livrait alors dans les montagnes. Merosi crée différents compresseurs d'air, dont certains sont utilisés pour les moteurs des véhicules Alfa 15 HP et 24 HP.

Les bénéfices générés par ces contrats militaires sont énormes, faisant de Romeo un homme immensément riche à la fin de la guerre. Cela lui permet d'investir dans les chemins de fer, secteur où il avait fait ses débuts. En février 1918, il prend le contrôle de la société allemande – une nation ennemie à l'époque – « Costruzioni Meccaniche di Saronno » d'Esslingen qui avait perdu tous ses contrats. Peu de temps après et de nouveau avec l'appui de la BIS, Romeo acquiert également les sociétés Officine Ferroviarie Meridionali (basée à Naples) et Officine Meccaniche Romane (basée à Rome).

Entre-temps, à Portello, il devient impératif d'anticiper une production alternative, étant donné que la demande de munitions ne durera pas éternellement. En 1917, Romeo parvient encore à décrocher un petit contrat pour la fabrication de trois cents moteurs aéronautiques dotés de 6 cylindres et produits

In December of the same year, ALFA was absorbed into Romeo's Società Ingegner Nicola Romeo & C.

As a result of this change the business at Portello was radically and completely converted to the production of military material. At Portello, Romeo produced artillery ammunition and mining equipment. These were of strategic importance in the trench warfare in the mountains. Merosi designed various air compressors, and some of these used the engines from Alfa's 15 Hp and 24 Hp vehicles.

The profits generated by these military contracts were immense and, as a result, by the end of the war Romeo had become an extremely rich man. This allowed him to invest in the railways, where he had had his beginning. In February 1918, he took control of Costruzioni Meccaniche di Saronno from Esslingen, which, being German and thus from an enemy nation, had lost all its contracts. A little after this, again with the support of BIS, Romeo also took over the Naples-based Officine Ferroviarie Meridionali and the Officine Meccaniche Romane.

Meanwhile, at Portello, it became necessary to anticipate alternative production as, obviously, the call for ammunition could not last forever. To this end, in 1917, Romeo managed to secure a small contract to produce three hundred Isotta-Fraschini V6 aeronautic engines under licence, which were to be installed in Caproni bombers.

L'Alfa Romeo RL (1922) avec une carrosserie Torpedo.

A 1922 Alfa Romeo RL with *Torpedo* bodywork.

sous licence Isotta-Fraschini. Ces moteurs étaient installés dans les bombardiers Caproni. Après la fin de la guerre, un autre marché public est accordé à Romeo, cette fois, pour des tracteurs agricoles sous licence Tytan (une société américaine).

Toutefois, l'État ne récupère pas tout le matériel commandé initialement : les armes ne lui sont effectivement plus nécessaires et, qui plus est, il subsiste à la fin de la guerre une quantité massive de matériel de guerre pouvant s'obtenir à bas prix. Portello exploite au maximum sa production civile ; celle-ci est très diversifiée en termes de produits techniques, depuis des systèmes à air comprimé jusqu'aux installations portuaires. À cette période, il n'est toutefois nullement question de construire des voitures. Merosi avait, en effet, quitté la société à la suite d'un différent au sujet de la participation aux bénéfices qui lui revenait dans le cadre de son contrat initial. En juillet 1919, Romeo et Merosi parviennent finalement à un accord et la production automobile peut ainsi redémarrer. L'objectif est d'améliorer le modèle 20-30 HP de 1915 pour produire l'Alfa 20-30 HP ES en utilisant un châssis inachevé qui avait été laissé tel quel dans l'entrepôt.

Le 23 novembre 1919, un ancien modèle 40-60 HP prend part à la course Targa Florio où, pour la première fois, le nouveau nom de la compagnie est utilisé : « Alfa Romeo ».

After the war ended, another public contract was awarded to Romeo, this time for farm tractors under licence from the American company Tytan.

The State, however, did not collect all the material it had ordered as they had no further need for arms and also by the end of the war, there was an abundance of left over weaponry to be had at low cost. Portello was overstretched in its civilian production which it was diversifying through various types of technical products, from air compressor systems to harbour facilities. However, at that time there was no talk of cars especially seeing as Merosi had left the company following a disagreement over profit-share which was owning to him under his initial contract. It wasn't until July 1919 that he and Romeo came to an agreement and, subsequently, automobile production could finally be restarted. This was marked with the updating of the 20-30 Hp 1915 to the 20-30 Hp ES using unfinished chassis that had been left in the warehouse.

On 23rd November 1919, an old 40-60 Hp took part in the Targa Florio and for the first time, the company's new name "Alfa Romeo" was used.

Merosi avait réintégré la société avec un projet sur lequel il avait travaillé de son côté durant sa période d'interruption : la G1. Il s'agit d'une automobile extrêmement luxueuse, beaucoup plus grande que les précédents modèles et équipée d'un moteur six cylindres de 6.3 litres. Ce véhicule est néanmoins trop coûteux pour le marché italien et connaît un succès mitigé. Les cinquante modèles produits finiront dès lors par être vendus en Australie.

À la même période, la situation financière de la société se dégrade rapidement. Les voitures ne se vendent plus et la production de locomotives est loin d'être chose aisée. Par la suite, Romeo s'estime surexposé aux banques et décide d'observer une attitude plus attentiste, espérant que les locomotives soient terminées le plus rapidement possible afin de créer l'apport de fonds nécessaire au maintien de la production automobile. C'est la raison pour laquelle seuls six véhicules sont produits en 1922 : le nouveau modèle RL, doté de six cylindres.

L'image d'Alfa Romeo, en tant que fabricant automobile, doit uniquement son salut aux succès remportés dans le domaine sportif, avec pour point d'orgue la victoire retentissante au premier Championnat du monde avec la P2. Pour honorer cet exploit majeur, le constructeur milanais ajoute une couronne de laurier en métal argenté sur le pourtour de son logo.

La production voit pourtant son avenir sérieusement compromis. Cette situation était en partie due à l'inexistence d'un ré-

Merosi returned to the company with a project he had been working on at home during his hiatus, the G1 motorcar, this was a monumental luxury automobile much bigger than previous models and equipped with a six cylinder, 6.3 litre engine. It was, however, too expensive for the Italian market and had little success, as a result all fifty models built ended up being sold in Australia. At the same time, the company's financial situation deteriorated rapidly. Cars were not being sold and locomotives were difficult to produce. Consequently, Romeo found himself over-exposed to the banks and chose to play a waiting game hoping the locomotives would get completed as quickly as possible to create the monetary input which would maintain automobile production. In this vein, only six vehicles were produced in 1922: the new model six cylinder RL.

Alfa Romeo's image as a car manufacturer was only saved by its successes in the sporting arena which culminated in the resounding victory at the first World Championship with the P2. To commemorate this great success a silver-plated laurel crown was added around the company emblem. Production, nevertheless, struggled to take off. This was due in part to a nonexistent sales network which placed its trust in friends and drivers, and in part due to Romeo's excessively muddled business practices which drew the banks' attention to him.

En haut, à gauche :
*l'Alfa RM (1923), similaire à la RL,
mais plus petite avec un moteur de
quatre cylindres au lieu de six.*
En bas, à gauche (page ci-contre) :
*deux versions de l'innovante
6C 1500 (1927).*

Top left: the 1923 RM, similar
to the RL but smaller and with
a four-cylinder engine not a six.
Bottom left and opposite page:
two versions of the innovative
1927 6C 1500.

seau de vente – où tous les espoirs reposaient donc sur les amis et les pilotes – ainsi qu'aux pratiques commerciales excessivement confuses de Romeo, attirant au final l'attention des banques. Dans l'intervalle, la Banca Italiana di Sconto s'était effondrée en raison de son exposition excessive dans différentes activités au cours de la crise qui suivit la guerre. Celle-ci est alors reprise par la Banca d'Italia par l'intermédiaire de la Banca Nazionale di Credito. Le fait que l'État soit désormais le créancier d'Alfa Romeo met la société dans une position très délicate. Arrivé au pouvoir en 1922, Mussolini avait immédiatement gelé les dépenses publiques et se montrait extrêmement critique à l'égard de la situation dans laquelle se trouvaient des industries comme celle du constructeur milanais. Alfa Romeo doit son seul salut à la passion de Mussolini pour ses voitures de courses ayant conféré à l'Italie un certain prestige international ; c'est effectivement grâce à cela que la marque peut poursuivre ses activités.

La RM, inaugurée au Salon de l'automobile de Paris en 1923, ne permet pas à Alfa Romeo de sortir de la situation morose dans laquelle elle se trouve. Cette voiture est similaire à la RL, mais plus petite, avec un moteur quatre cylindres de 2 litres au lieu d'un moteur six cylindres de 3 litres. On lui reproche son manque de puissance et le fait de ne pas être au niveau de la renommée de la société. Compte tenu du tassement des ventes, la Banca Nazionale di Credito décide d'évaluer les

In the meantime, in fact, the Banca Italiana di Sconto had collapsed due to its excessive exposure to businesses in post-war crisis. It had been taken over by Banca d'Italia through the Banca Nazionale di Credito. The fact that Alfa Romeo's debts were with the State put the company in a very delicate position. Mussolini, on coming to power in 1922, had immediately cut public spending and he was highly critical of the situation that industries such as the Milanese ones found themselves in. Alfa Romeo's only saving grace was Mussolini's captivation with its racing cars which brought international prestige to Italy and it was this which allowed the name to continue.

The RM, which was unveiled at the Paris Motor Show in 1923, failed to lift Alfa Romeo out of its gloomy position. This car was similar to the RL but smaller with a four cylinder 2 litre engine instead of a six cylinder 3 litre one. It was judged to lack power and was not up to the standard of the company's renown. With sales stagnated the Banca Nazionale di Credito decided to evaluate the reasons for the situation and on New Year's Eve 1925, the board of directors voted to oust Nicola Romeo from the company: this - despite the fact that Romeo still held 25% of the shares in the company. He was replaced by Pasquale Gallo who ruled with an iron fist and immediately cut employee numbers and reorganised production to create more efficiency.

raisons de cette situation. À l'aube de l'année 1925, le conseil d'administration vote le limogeage de Nicola Romeo malgré le fait que celui-ci détienne encore 25 % des parts de la société. Il est remplacé par Pasquale Gallo, qui gère la société d'une main de fer et décide de réduire immédiatement le nombre d'employés ainsi que de réorganiser la production pour créer davantage de rendement. Malheureusement l'approche autoritaire de Gallo débouche rapidement sur des problèmes avec Merosi, qui prend alors la décision de quitter la société. Il est remplacé par un ingénieur très talentueux, Vittorio Jano (dont le nom est une italianisation de Viktor János, né à Turin de parents immigrés hongrois), engagé chez Alfa Romeo en 1923 pour travailler sur les voitures de course.

Le règne de Gallo ne dure pas longtemps. Il est arrêté à la frontière suisse en novembre 1925 alors qu'il aidait Cipriano Facchinetti, un parlementaire opposé au parti fasciste, à prendre la fuite. Pour le régime, c'est une situation embarrassante sur laquelle il convient de tirer le rideau. Pour Alfa Romeo, se trouvant déjà dans une position affaiblie, c'est un nouveau coup dur qui laisse désormais le constructeur dépourvu de tout leader solide. Deux semaines plus tôt, la société était d'ailleurs officiellement passée dans les mains de l'Institut de liquidation industrielle (rebaptisé plus tard IRI, Institut de reconstruction industrielle – une structure chargée de protéger les activités d'intérêt public de la faillite).

Unfortunately, Gallo's authoritarian approach soon caused problems with Melosi, who decided to quit the company. He was replaced by a highly talented engineer called Vittorio Jano (an Italianisation of Viktor János who was born in Turin to Hungarian immigrants) who had arrived at Alfa Romeo in 1923 to work on its racing cars.

Gallo's reign didn't last long. He was arrested on the Swiss border in November 1925 while aiding Mr. Facchinetti, a Member of Parliament who was against the Fascist Party, to escape. For the regime, it was an embarrassing situation which had to be swept under the carpet. For Alfa Romeo in its weakened position, it was a situation which left it without a strong leader. Just two weeks previously the company had been officially passed to the Institute for Industrial Liquidation (later, this would be renamed IRI, the Institute for Industrial Reconstruction - a body charged with preventing businesses with public interests from failing).

The 6C 1500 débuted in 1927. Although it had been ready since the end of 1925, lack of funds had prevented it from coming out before. This car had been designed to offer the same standard performance as the large RL but with a more efficient and less powerful engine. Technically, this was an extraordinary car, however, it again suffered from inefficient production and was sold at too high a price to allow it the market success it deserved.

En haut : *la 6C 2300 Pescara (1934).* Page ci-contre : *la prestigieuse évolution de la 1500 vers les modèles 6C 1750 de 1929 (*en haut, à gauche)*, 6C 2300B de 1935 (*en haut à droite et en bas à gauche)*, et 6C 2300 Mille Miglia de 1938 (*en bas à droite)*.

Top: The 6C 2300 Pescara from 1934. *Opposite page:* the celebrated development of the 1500 to the 1929 6C 1750 *(top left);* the 1935 6C 2300B *(top right and bottom left);* the 1938 6C 2300 Mille Miglia *(bottom right).*

L'Alfa Romeo 6C 2300 B Touring (1935), une élégante automobile familiale.

The 1935 Alfa Romeo 6C 2300 B Touring, an elegant seven-seater saloon.

La 6C 1500 sort en 1927. Le modèle était déjà prêt fin 1925, mais par manque de fonds, il n'avait pu être fabriqué plus tôt. Cette voiture est conçue pour offrir le même niveau de performance que la grosse RL, mais avec un moteur plus efficace et moins puissant. Elle est extraordinaire sur le plan technique, mais souffre malheureusement encore une fois d'une production mal organisée et est vendue à un prix trop élevé pour lui permettre de récolter le succès qu'elle mérite.

Entre-temps, Alfa Romeo parvient à maintenir la tête hors de l'eau en reprenant la fabrication de moteurs d'avion. En mars 1929, Mussolini choisit et nomme personnellement Prospero Gianferrari comme nouveau directeur de la société. Gianferrari investit de l'argent pour améliorer les fonderies – celles-ci sont essentielles pour la production aéronautique –, et décide de diversifier ses activités automobiles en achetant une licence de la compagnie allemande Deutz pour la fabrication de moteurs diesel, ceux-ci étant encore pratiquement inconnus en Italie à l'époque. Il acquiert ensuite une autre licence auprès de Bussing-Nag pour le châssis sur lequel sont montés ses camions Type 50 et Type 40. Par après, il ouvre un atelier de carrosserie au sein de l'usine Alfa Romeo pour permettre à la société de produire le véhicule dans son intégralité, comme le faisaient Fiat ainsi que d'autres depuis au moins une décennie. La production de la 6C 1750 applique cette méthode fin 1931. Ce modèle est dérivé de la version précédente conçue par Jano en 1929.

Alfa Romeo, in the meantime, survived through its return to manufacturing engines for aeroplanes. Finally, in March 1929, Mussolini personally chose and appointed Prospero Gianferrari as the company's new manager. Gianferrari invested to improve the foundries which were fundamental for air craft production and decided to branch out in the automobile area by buying a licence from the German company Deutz to build Diesel engines which were all but unknown in Italy at that time. He then acquired a further licence from Bussing-Nag for the chassis on which it mounted its Type 50 and Type 40 trucks.

Following this, he opened a body shop within Alfa Romeo which would allow the company to produce the complete vehicle, as Fiat and others had been doing for at least a decade. The production of the 6C 1750 model adopted this method from the end of 1931. This model was an update of the earlier one by Jano in 1929. The splendid 8C 2300 was put on sale in the same year.

La splendide 8C 2300 est mise en vente la même année. Conçue à l'origine pour la compétition, elle est reconnue comme étant aussi un véhicule promotionnel attrayant. Un peu moins de deux cents châssis nus sont donc fournis aux meilleurs carrossiers de l'époque pour la fabrication de prestigieuses voitures de sport GT. En 1933, ce modèle est rejoint par une nouvelle version plus économique, la 6C 1900.

Malgré ces différents succès, la situation financière de la société ne s'améliore pas et en 1933, le Ministre des Finances décide de fermer Alfa Romeo. Cette tâche est confiée à Corrado Orazi, qui se voit subitement remplacé deux mois plus tard par Ugo Gobbato, selon les désirs de Mussolini. Gobbato est un industriel respecté, possédant une grande expérience après avoir travaillé chez Fiat. Grand amateur de voitures de sport depuis toujours, Mussolini voue une véritable passion à l'égard du constructeur milanais. Il décide, dès lors, de faire annuler la décision de son Ministre des Finances et déclare qu'Alfa Romeo doit être sauvée.

Originally conceived for competition, it was recognised as also being an attractive promotional vehicle, and so, a little less than two hundred naked chassis were given to the best coachbuilders of the time to turn out a glamorous GT sports car. In 1933 it was joined by the more economical alternative, the 6C 1900.

Notwithstanding these successes, the company's fiscal situation did not improve and, in 1933, the Finance Minister decided to close Alfa Romeo.

This task was assigned to Corrado Orazi who, unexpectedly, was replaced by Ugo Gobbato just two months later at the wishes of Mussolini. Gobbato was a respected industrial executive with considerable previous experience with Fiat. Mussolini had always been a great lover of sports cars and had a personal passion for the Milanese car maker, thus, he overturned his own Finance Minister's decision and declared that Alfa Romeo had to be saved.

Un élégant spider 8C 2900 B (1937) : l'une des voitures de sport italiennes les plus fascinantes de l'époque.

An elegant 1937 8C 2900 B Spider: one of the most captivating Italian sports cars of the time.

Gobbato s'empresse de réorganiser la production et en l'espace de cinq ans, la société connaît enfin une position stable et rentable. Il confie la construction des voitures de sport à une branche interne à l'entreprise : la Scuderia Ferrari. Celle-ci remporte un grand succès. Il demande une évolution permanente des modèles de Jano pour réaliser de meilleures performances et accroître la compétitivité sur le plan commercial. Cette période voit dès lors la réalisation de la 6C 2300 en 1934, de la 6C 2500 en 1938 et de la luxueuse 8C 2900 en 1936. Gobbato met également l'accent sur la production aéronautique et lance, en 1938, la construction d'un centre de recherche et de production de pointe à Pomigliano d'Arco, près de Naples.

En 1937, Alfa Romeo perd Vittorio Jano, d'après certains, en raison de son incapacité à contrer la puissance massive de Mercedes-Benz avec ses voitures de courses. Jano affirme, quant à lui, que son départ est dû au manque de soutien de la part de la direction pour finaliser les choses qu'il avait demandées. Il est remplacé par Bruno Trevisan, un employé de l'aéronautique royale (Regia Aeronautica) et ami d'enfance de Gobbato. L'année suivante voit toutefois l'arrivée à Milan de l'Espagnol Wifredo Ricart, un héros phalangiste décoré par le général Franco et, donc, très apprécié dans l'environnement fasciste d'Alfa Romeo.

Gobbato set about the job of reorganising production with alacrity and, in five years, had finally brought the company into a position of consistent profit. He passed the sports car part of the business to Scuderia Ferrari who carried it forward with great success. He demanded continuous evolution of Jano's models to achieve greater performance and commercial competeviness. As a result, the 6C 2300 was born in 1934, the 6C 2500 in 1938 and the expensive 8C 2900 in 1936. Gobbato also placed a lot of emphasis on air craft production and managed to begin work in 1938 to build a centre for cutting edge study and production in Pomigliano d'Arco near Napoli.

In 1937, Alfa Romeo lost Vittorio Jano, some say due to his inability to counter the massive power of Mercedes-Benz with his race cars however Jano complained it was due to the lack of support from management to achieve the things requested of him. He was replaced by Bruno Trevisan, a Royal Aeronautic official and childhood friend of Gobbato. The next year, however, saw the arrival in Milan, of the Spaniard Wifredo Ricart, a Falangist hero decorated by General Franco and well-liked in the fascist environment of Alfa Romeo.

Ricart est un bon ingénieur à qui l'on doit, par exemple, l'introduction de l'essieu arrière De Dion – un autre ajout qui allait bientôt devenir une caractéristique typique des voitures du « Biscione ».

Le succès de la gestion de Gobbato est manifeste : les voitures milanaises connaissent une grande renommée et sont admirées dans le monde entier, même par Henry Ford. Ce dernier rencontre d'ailleurs Gobbato en 1939 et lui confie : « Quand je vois passer une Alfa Romeo, j'enlève mon chapeau ». Loyal envers sa position, il reste directeur général durant la guerre, même après le 8 septembre 1943. Ses actions sont toutefois interprétées comme étant une forme de collaboration et il est démis de ses fonctions et responsabilités à la fin de la guerre par le Comité de libération nationale (CLN), et traduit en justice à Portello le 27 avril 1945. Les témoignages de ses ouvriers illustrent les mesures qu'il avait prises pour empêcher les employés ou le matériel d'être envoyés en Allemagne garantissent son acquittement, mais il est assassiné le lendemain par le partisan qui l'avait accusé et s'était dit insatisfait du verdict.

He was a great engineer, e.g. the De Dion rear axle was introduced thanks to him – another addition that would become a typical characteristic of "Biscione" cars.

Gobbato's managerial success is obvious: the Milanese cars grew in fame and were highly regarded around the world, even by Henry Ford who met him in 1939 and said, "When I see an Alfa Romeo pass I doff my hat". Loyal to his position, he remained general manager throughout the hard times in the war, even after 8th September 1943. His actions, however, were interpreted as collaboration and he was stripped of his position and responsibilities at the end of the war by the Committee of National Liberation (CLN) and tried in a people's court set up in Portello on 27th April 1945. His workers' evidence, which illustrated the measures he had taken to prevent employees or material being sent to Germany, guaranteed his acquittal, but the following morning he was assassinated by the partisan who had accused him and had declared himself dissatisfied with the verdict.

L'APRÈS-GUERRE ET L'ENTREPRISE NATIONALISÉE ALFA ROMEO

The Post-war Period and a State owned Alfa Romeo

La période immédiate d'après-guerre se révèle plus rude pour Alfa Romeo que pour les autres constructeurs automobiles. L'usine avait non seulement souffert des bombardements anglo-américains, mais elle avait aussi perdu ses meilleurs éléments : Gobbato avait été tué et Ricart était rentré en Espagne pour des raisons politiques évidentes.

Il n'y avait pas de fonds disponibles pour faire quoique ce soit et trouver des matières premières pour lancer la production s'avérait très difficile. Les travailleurs étaient chargés de dégager les décombres sur le site de Portello, mais le redémarrage de la production semblait impossible. Pour reprendre le travail, Alfa Romeo commence par la fabrication de cuisinières au gaz, puis de meubles en acier, raccords et entourages de fenêtre. Ces différents équipements étaient nécessaires à la reconstruction du pays. Fin 1945, les deux premières automobiles de l'après-guerre voient le jour : deux 6C 2500s, dérivées du modèle 2300 lancé en 1938 (et vendu également à l'armée comme torpédo militaire) dont de nombreuses pièces avaient échappé aux bombardements.

The immediate post-war period proved harder for Alfa Romeo than other Italian car manufacturers. Not only had the factory suffered destruction following Anglo-American bombardment, but it had also lost its best men: Gobbato had been killed and Ricart had returned to Spain for obvious political reasons.

There were no funds available to do anything and finding primary materials to start production proved very difficult. The workers were set to clear the rubble at Portello, but to restart production seemed impossible. To begin to function again, Alfa Romeo started to produce gas cookers and then metal furniture, fittings and shutters. All of these were needed in the reconstruction of the country. At the end of 1945, the first two post-war cars were produced: two 6C 2500s, an updating of the 2300 launched in 1938 (which was also sold to the army as the Military Torpedo) and of which many pieces that had escaped the bombing laid around in the warehouse.

La superbe 6C 2500 « Villa d'Este » avec une carrosserie Touring Superleggera : l'une des plus belles productions de ce véhicule.

A captivating 6C 2500 "Villa d'Este" with Touring Superleggera bodywork: one of the most beautiful productions of this vehicle.

Quatre modèles différents de l'Alfa Romeo 6C 2500 :
en partant de la gauche, *la « Villa d'Este »,* la berline
« *Turismo » (1948 et 1949),* et ci-contre, *la « Gran
Turismo » (1950).*

Four different models of the Alfa Romeo 6C 2500:
clockwise from left, the 1948 nd 1949 "Villa d'Este",
the "Turismo" saloon, and *on the opposite page*
the 1950 "Gran Turismo".

6C 2500 GRAN TURISMO — 3 CARBURATORI —

45

C'est ainsi qu'Alfa Romeo commence à renouer progressivement avec le monde de l'automobile. Le symbole de la société change peu de temps après, à l'issue du référendum du 2 juin 1946 marquant la fin du Royaume d'Italie au profit de la République d'Italie. Alfa Romeo remplace, par conséquent, les nœuds de la Maison de Savoie par deux motifs géométriques « neutres ».

L'ingénieur Orazio Satta Puliga, qui avait longtemps été le collaborateur de Ricart, est nommé chef du département technique. Satta Puglia se rend compte que la 6C 2500 commence à devenir obsolète en dépit de ses caractéristiques exceptionnelles, et ne permettra pas la subsistance de l'entreprise au cours des années à venir. Il la rajeunit en concentrant ses efforts sur la fascination qu'exerce une carrosserie exceptionnelle, comme celle de la Freccia d'Oro (Flèche d'or) en 1946 et de la Villa d'Este, produite par Touring en 1949. Il débute en outre la conception d'un nouveau modèle. Précurseur de la logique marketing et de la production rationalisée, Satta Puglia imagine une voiture à prix compétitif et plus facile à fabriquer, en recourant à des contrats externes pour la fourniture de pièces secondaires coûteuses, afin de permettre la poursuite de la production sur le site de Portello.

In this way, Alfa Romeo began to quietly re-enter the automobile world. The symbol of the company soon changed after the referendum of 2nd June 1946 when the Kingdom of Italy became the Republic of Italy and Alfa Romeo replaced the Savoy dynasty knots with two "neutral" geometric motifs.

The engineer Orazio Satta Puliga, a long-time collaborator of Ricart's, was appointed head of the technical department. Satta Puglia realised that although the 6C 2500 was an exceptional vehicle, it was beginning to age and would not sustain the factory in the years to come. He revamped it by concentrating on the fascination with exceptional bodywork, such as with the Freccia d'Oro (Golden Arrow) in 1946 and the Villa d'Este produced by Touring in 1949. Apart from this, he also started design on a new model.

A forerunner of marketing logic and rationalised production, Satta Puliga imagined a car which would cost less and would be easier to manufacture using external contracts to furnish secondary parts that were not cost effective to continue producing in Portello.

Lancée en 1950, l'Alfa 1900 marque le signal d'une nouvelle direction au sein d'Alfa Romeo durant la période de l'après-guerre.

The 1900, launched in 1950, signalled the start of a new direction at Alfa Romeo in the post-war period.

En 1951, la 1900 sort également en version Sprint, avec une carrosserie Touring.

In 1951, the 1900 also appeared in the Sprint sports model, with Touring-bodywork.

Il identifie la fiabilité, le confort de conduite, la bonne présentation et le prix raisonnable comme étant les principaux arguments susceptibles de séduire les clients. C'est sur la base de ces réflexions qu'il conçoit un véhicule faisant l'objet d'une construction intégrale, où une coque autoporteuse intègre le châssis. Cette pratique était déjà répandue en Amérique et Fiat était également sur le point de l'adopter. Plus important encore, c'est à partir de ce moment qu'une ligne de production inspirée du modèle de Ford fait son apparition à Portello pour augmenter la productivité. S'il fallait auparavant 250 heures pour construire une seule voiture, celle-ci peut désormais être montée en à peine une centaine d'heures. Le nouveau modèle, l'Alfa 1900, auquel ont contribué les ingénieurs Giuseppe Busso (chargé de la mécanique) et Ivo Colucci (chargé de la carrosserie), est une berline 4 portes moderne qui sort en 1950.

La 1900 est équipée d'un moteur quatre cylindres en ligne de 1884 cm^3, à double arbre à cames, avec quatre chambres de combustion hémisphériques. Plus petite, certes, que le modèle 6C 2500 qu'elle remplace, elle représente néanmoins un bon deal, puisqu'elle est plus puissante, avec un moteur de 80 CV dans sa première version.

He identified reliability, ease of driving, good presentation and reasonable price as the main attractions for customers. With this idea in mind he designed an integral construction vehicle, where the bodyshell was one piece with the chassis, a practice, which at that stage was widespread in America and was about to be adopted also by Fiat. More importantly, at this point a Ford style production line to increase productivity was finally introduced at Portello. Where before it took 250 hours to build a single car now it only took 100. The new model, the 1900, on which both Giuseppe Busso (mechanic engineer) and Ivo Colucci (body engineer) contributed, was a modern four-door saloon and appeared in 1950.

The 1900 had a four cylinder in-line twin-camshaft 1884 cc engine with four hemispherical combustion chambers. Although it was smaller than the 6C 2500 which it replaced, it was a great deal more powerful with an 80 hp engine in the first version.

La série 1900 s'agrandit dès 1951 avec l'arrivée d'un superbe coupé 1900 Sprint, réalisé par le carrossier Touring, doté d'un moteur de 100 CV capable d'atteindre 170 km/h. L'année suivante est marquée par la sortie de la berline T.I. (« Turismo Internazionale », la catégorie de voitures de course dérivées des modèles de série), qui adopte le même moteur que la Sprint. L'Alfa 1900 connaît un succès immédiat puisqu'elle est la première illustration d'une voiture de série possédant de grandes performances. Elle est annoncée comme « la voiture familiale qui gagne des courses ».

La nouvelle structure industrielle de Portello démontre désormais sa capacité à produire des milliers de voitures différentes chaque année, alors que par le passé, elle avait peiné à fabriquer un millier de véhicules.

Dans l'intervalle, Alfa Romeo commence de nouveau à remporter de nombreux titres. Nino Farina remporte le premier Championnat du monde de Formule 1 en 1950 et l'année suivante, en 1951, ce succès est réitéré au volant de l'Alfetta 158 par Fangio.

The 1900 was joined, in 1951, by the 1900 Sprint, a beautiful Touring-bodied coupe with a 100hp engine capable of reaching 170kph. The following year saw the arrival of the T.I. Saloon ("Turismo Internazionale", the category of racing car coming from mass-production) that adopted the same engine as the Sprint. The 1900 was an immediate success as for the first time it represented a high performance mass-produced car. It was advertised as "the family car that wins races".

The new industrial structure at Portello proved sound with thousands of different cars being produced annually where in the past it had been difficult to produce just a thousand.

Alfa Romeo, in the meantime, started to win again too. Nino Farina brought it the first Formula One title in history and the following year, 1950, again driving the Alfetta 158, he repeated his success.

En 1951, Alfa Romeo honore également un marché pour l'armée visant la production d'un léger véhicule de reconnaissance tout-terrain. Le modèle 1900 M « Matta », doté du même moteur à double arbre à cames que la berline, est alors présenté. Il s'avère toutefois trop coûteux et complexe par rapport à la Campagnola de Fiat. Peu de modèles sont dès lors vendus à l'armée ou au grand public. La berline milanaise est par contre le véhicule idéal pour la nouvelle Police d'État italienne, créée en 1948 pour travailler aux côtés des Carabinieri et s'occuper de la sécurité publique. Le reste du stock de guerre est remplacé en 1952 par le modèle Alfa 1900 T.I. De couleur noire et avec l'avant qui rappelle un félin, il devient célèbre et est surnommé « Pantera » (panthère) en raison de son apparence agile et agressive – ce qualificatif est encore attribué aujourd'hui aux autres voitures de la police.

La stratégie de la société visant à concentrer tous les efforts pour augmenter la production porte ses fruits et, avec la 1900, Alfa Romeo est en mesure de mettre ce projet en pratique.

L'étape suivante consiste à concevoir un modèle plus petit destiné à la classe moyenne.

Alfa Romeo also participated in a military tender to produce a light weight off-road reconnaissance vehicle in 1951. They put forward the 1900 M "Matta" which used the same twin-camshaft engine as the saloon. However it proved too expensive and complex in comparison to Fiat's Campagnola. As a result, few were sold to either the military or public. The Milanese saloon, however, proved the ideal car for the newly formed State Police, who had been created in 1948 to work alongside the Carabinieri for public security. Left over war time stock was replaced by the black 1900 T.I. in 1952 and these flying squad mounts became known as "pantere" (panthers) due to their agile and aggressive appearance – a name which remains even today.

The company's strategy to concentrate on increased production was a winning one and, with the 1900, Alfa Romeo was able to put it into practice. The next step was to design a smaller model targeted to the middle class.

Alfa Romeo, qui est une entreprise nationalisée, bénéficie de contrats publics pour la fourniture de véhicules à la police ainsi qu'à l'armée :
le tout-terrain 1900 M « Matta » pour l'armée (à gauche) *et la 1900 T.I. pour la police* (à droite).

Alfa Romeo, which was a State company, benefitted from public contracts for police and army vehicles:
the off-road 1900 M "Matta" for the army *(top left)* and the 1900 T.I. for the police *(top right)*.

L'Italie des années 50 connaît un boom d'après-guerre et la classe moyenne s'avère désormais être un groupe important de consommateurs. Cette période voit la croissance du consumérisme et l'optimisme affiché va de pair avec le désir de s'en sortir et de réaliser des choses. Selon Giuseppe Luraghi, le manager de Finmeccanica qui contrôle les activités d'Alfa Romeo pour l'État, le marché permet l'émergence d'une voiture qui ne soit pas tout à fait économique à proprement parler, mais qui reste accessible aux clients dont la 1100 de Fiat ne satisfait pas toutes les attentes et pour lesquels l'élégance paisible de la Lancia Appia est toutefois dépourvue de la vigueur des Alfa Romeo. La Giulietta fait son apparition au Salon de l'automobile de Turin en 1954. Son design est en partie le fruit de la collaboration de Rudolf Hruska, le créateur historique de la Beetle de Volkswagen et des tanks blindés Tiger, qui avait rejoint la société Alfa Romeo au début des années 50.

Italy in the 1950s was experiencing a post-war boom and the middle class more than before was proving to be an important consumer group. There was a growth in consumerism and optimism was spreading along with a desire to get out and do things. Giuseppe Luraghi, Finmeccanica's manager who controlled Alfa Romeo's activities for the State, opined that there was even space in the market for a car that wasn't exactly economical but still accessible to clients for whom Fiat's 1100 was not quite enough and for whom the calm elegance of the Lancia Appia lacked the grit of an Alfa Romeo. At the Turin Motor Show in 1954, the Giulietta appeared. Its design had been contributed to by Rudolf Hruska, the historical designer of Volkswagen Beetle and Tiger armoured tanks, who had joined Alfa Romeo at the beginning of the 1950s.

La Giulietta Sprint, dessinée par Franco Scaglione, est considérée comme la quintessence du style classique italien.

The Giulietta Sprint, designed by Franco Scaglione, is considered a masterpiece of Italian style.

En 1955, une version berline vient finalement
s'ajouter à la gamme Giulietta.

In 1955, a saloon version was finally added
to the Giulietta range.

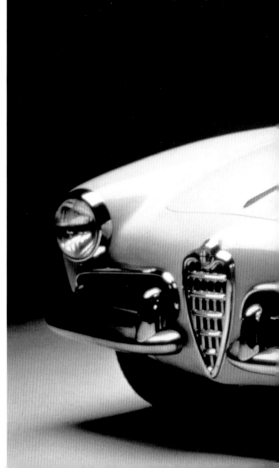

Après le Sprint (ci-dessus)*, Alfa Romeo sort une autre version de la Giulietta :
le prestigieux Spider (*à droite).

After the Sprint *(above)* Alfa Romeo brought out another version
of the Giulietta, one destined to greatness, the Spider *(right)*.

À l'origine, la Giulietta est uniquement disponible dans la version Sprint, un superbe coupé fabriqué par Bertone puisque la chaîne d'assemblage de Portello n'était pas encore opérationnelle au moment où le carrossier turinois était, quant à lui, en mesure de pouvoir produire la voiture. L'été suivant est marqué par l'arrivée de l'inoubliable voiture de sport 2 places de Pininfarina, et à la fin de l'année, la berline 4 portes voit enfin le jour. Toutes les trois étaient dotées du même petit moteur à quatre cylindres en aluminium d'1.3 litre à double arbre à cames, avec lequel Busso parviendra à obtenir une puissance de 90 CV, adaptée prudemment à 50 CV pour la berline. La gamme Giulietta s'étend rapidement avec l'ajout de la version Giulietta Sprint Veloce de 90 CV, puis en 1957 de la berline T.I., le Spider Veloce (voiture de sport 2 places), de la petite berline Sprint Speciale, de la Promiscua (modèle break) fabriquée par Colli – et dont la durée de vie sera néanmoins plutôt réduite –, et enfin en 1960, avec la sortie de la version sportive SZ réalisée par Zagato. Avec son charme irrésistible, la Giulietta reste un rêve inaccessible pour la plupart des Italiens, dont la majorité pouvait à peine s'acheter une Fiat 500 à crédit. Pourtant, le succès de la Giulietta est considérable, au point d'être surnommée « la fiancée de l'Italie ». Une nouvelle classe d'amateurs de voitures s'était effectivement formée : les « Alfisti », des passionnés de mécanique sophistiquée et de performances élevées qui ne renoncent pas pour autant au confort.

Initially, the Giulietta was only available in the Sprint version, a beautiful coupé produced by Bertone, as the Portello assembly line was not yet ready while the Turin coachbuilder was able to produce it on time.
The following summer the unforgettable Pininfarina two-seater sports car was added and, at the end of the year, the four-door saloon finally arrived. All three shared the same engine, a small aluminum four cylinder twin-camshaft 1.3 litre with which Busso managed to get up to 90hp, conservatively adapted to 50 for the saloon. The Giulietta family continued to grow quickly with the addition of the 90hp Sprint Veloce, then, in 1957, the T.I. Saloon, the Spider Veloce (two-seater sports car) and the small saloon Sprint Speciale, next, in 1957, the short lived Promiscua (station-wagon) built by Colli and in 1960 the sporty SZ built by Zagato.
The Giulietta with its incredible charm remained an unattainable dream for most Italians, most of whom could barely manage to buy a Fiat 500 in instalments. Nonetheless, the Giulietta's success was enormous, to the point where she was nicknamed "Italy's Girlfriend". A new class of car enthusiast was born, the "Alfisti": passionate about the sophisticated engineering and high performance, which didn't relinquish on comfort.

Ci-dessus, *le spider Giulietta (1955), avec une carrosserie de Pininfarina ;* ci-dessous, *le modèle Sprint Speciale signé Bertone (1957).*

Above, *the 1955 Giulietta Spider, with Pininfarina-bodywork;* below, *the 1957 Bertone Sprint Speciale.*

L'Alfa 1900 est entre-temps devenue obsolète et la nécessité de lui substituer un nouveau modèle se manifeste désormais. Le choix opéré à ce niveau ne se révèle toutefois pas parfait. Il est décidé de maintenir la même mécanique, en passant simplement à un moteur de 2 litres, et de redessiner complètement la carrosserie. Présenté en avant-première au Salon de l'automobile de Turin fin 1957, le nouveau modèle baptisé Alfa Romeo 2000 est mis en vente dès le printemps suivant. Il est disponible en version berline 4 portes et coupé Sprint 2 places signé Bertone. Mais le prix particulièrement élevé désavantage l'Alfa 2000 par rapport à la très élégante et prestigieuse Lancia Flaminia. Qui plus est, sa mécanique pratiquement obsolète est aussi l'une des causes de son échec commercial. En réalité, la production compte plus d'exemplaires Sprint que de berlines. En 1960, la voiture de sport 2 places dessinée et carrossée par Touring vient compléter la gamme.

In the meantime, the 1900 had begun to age and it became necessary to substitute it with a new model. In this case, the choice was not perfect.
It was decided to maintain the same mechanics only increasing the engine to 2litres and redesigning the bodywork completely. The new model, Alfa Romeo 2000, was shown in advance at the Turin Motor Show at the end of 1957 and was put on sale the following spring. It was available both as a four door saloon and two door Sprint coupe, again, built by Bertone. The notably high price brought it unfavourable comparisons with the much more prestigious Lancia Flaminia. Added to this, the then almost-obsolete mechanics led to few cars being sold. In fact, more Sprints were produced than saloons. In 1960, the Touring-bodied two-seater sports car was added to the range.

*À la fin des années 50, Alfa Romeo produit également des modèles moins prestigieux : l'Alfa 2000 (*à gauche*, le spider Touring et* ci-dessus *la berline) et la Giulietta Promiscua avec une carrosserie Colli (*ci-dessous*).*

At the end of the 1950s Alfa Romeo also produced some less famous models: the 2000 (*opposite page, left* the Spider Touring and *above* the saloon) and the Giulietta Promiscua with Colli-bodywork *(opposite page, below)*.

Les difficultés rencontrées avec la série 2000 ne peuvent être palliées par l'introduction en 1961 de l'Alfa 2600, dérivée de sa devancière et dotée d'un nouveau moteur. Pourtant, elle ne rencontre pas le succès escompté, son design étant notamment dépourvu de style. Une alternative à la berline est commandée par le carrossier turinois OSI : c'est l'Alfa 2600 De Luxe. Bien qu'affichant un design plus moderne, seuls une dizaine d'exemplaires sont produits, à l'instar de la version de l'Alfa Sprint présentée par Zagato en 1965. La production de la 2600 est stoppée en 1968 et marque la fin des modèles Alfa Romeo dotés d'un moteur six cylindres en ligne avec un double arbre à cames.

En 1959, Alfa Romeo lance un petit modèle économique dont l'objectif commercial visait l'utilisation maximale des capacités de production de Portello. Il s'agit dès lors de couvrir un domaine encore peu connu du constructeur milanais et sur lequel Fiat possède déjà la parfaite mainmise. Par conséquent, pour éviter d'investir de grosses sommes d'argent dans un projet dont le succès n'est pas garanti, l'IRI conclut un contrat avec le constructeur automobile français Renault, lui aussi nationalisé, lui permettant d'obtenir une licence pour la production de la Dauphine en Italie. Ce modèle constituait le plus gros succès sur le marché transalpin depuis 1956.

The difficulties with the 2000 remained unresolved despite the introduction in 1961 of the 2600, which transformed it thanks to the use of a new engine. Nonetheless, it failed to attract and its appearance was going out of style. An alternative to the saloon was commissioned from the Turin coachwork OSI, called the 2600 De Luxe which had a much more modern design, however, only ten or so were produced, much like the Sprint Zagato launched in 1965. The 2600 was discontinued in 1968 and it would be the last Alfa Romeo with a six cylinder in-line twin-camshaft engine. In 1959, Alfa Romeo launched a small economical model with the express commercial objective to utilise the production capacity at Portello to the full. This meant entering a field which the Milanese car maker was not used to and which was completely dominated by Fiat. Therefore, in an effort to avoid pouring money into a project which was not guaranteed to succeed, the IRI signed a contract with the French state-owned car maker Renault to have the licence to produce the Dauphine in Italy. This had been the most successful model since 1956 in the transalpine market.

En 1959, l'Alfa Romeo Dauphine naît à la suite d'un accord passé avec Renault. Cette petite berline avec un moteur arrière aura son petit succès.

In 1959, the Alfa Romeo Dauphine was born in agreement with Renault, a small saloon with a rear engine, which enjoyed little success.

Deux voitures de sport très différentes :
l'élégante 2000 Sprint avec une
carrosserie Bertone (à gauche)
et l'agressive Giulietta Sprint Zagato
(à droite).

Two very different sports cars:
the elegant 2000 Sprint with
Bertone-bodywork (left) and the aggressive
Giulietta Sprint Zagato (opposite page).

La Dauphine est très éloignée de la tradition des modèles stéréotypés d'Alfa Romeo : cette petite berline à quatre portes possède un moteur arrière 4 cylindres d'à peine 850 cm^3 et seulement trois vitesses. Un autre modèle plus cossu vient compléter la série en 1961, l'Ondine. C'est un échec commercial, car elle ne correspond pas aux goûts ni aux habitudes des Italiens. Sa qualité est mise en cause et suscite son rejet par les clients.

La priorité à cette époque est toutefois la réalisation d'un modèle moyen puisque ce segment remporte un succès de plus en plus important. En 1961, la 100 000e Giulietta est produite et le temps est à présent venu de lui trouver une remplaçante de son rang. Désireuse d'augmenter la production et de tout réaliser à plus grande échelle, la société décide alors de construire une nouvelle usine de montage plus moderne dans la périphérie de Milan, à Arese. Les travaux d'aménagement sont toutefois reportés en raison de la nature incertaine des contrats. La nouvelle usine Alfa Romeo est donc de nouveau installée à Portello, le transfert de la ligne de production vers Arese n'étant envisagé qu'au terme de la construction du site.

The Dauphine was a long way from the stereotypical Alfa Romeo models. It was a small, four-seater saloon with a four cylinder barely 850cc posterior engine and only three gears. A further model was added in 1961, with a plusher finish, called Ondine. It was an unmitigated failure due to its lack of appeal to Italian tastes or habits. Its quality was questioned and led to it being rejected by customers.
The priority at this time, however, was the middle model which was enjoying ever growing success.
In 1961, the 100,000th Giulietta was built and it was time for a dignified replacement. The company wanted to increase production and do everything on a bigger scale, as a result it was decided to build a new, more modern assembly plant just outside Milan, in Arese. Work on the building was delayed due to the scrappy nature of the contracts so the new Alfa Romeo plant was, again, installed at Portello, the idea being to transfer the production line to Arese when the construction would eventually be finished.

En 1961, l'Alfa Romeo 2000 devient la 2600. Sur cette photo, un spider Touring.

In 1961, the Alfa Romeo 2000 became the 2600. *In the photo* a Spider Touring.

Comme l'Alfa 2000, la 2600 sort également en version berline et Sprint. Sur la photo ci-dessus, *un coupé utilisé par la police.*
Page ci-contre : *le spider Giulia (1963), dérivé de la Giulietta et doté d'un moteur de 1.6 litre.*

Like the 2000 the 2600 also appeared in a saloon and Sprint version. *In the photo above left* a coupé in Police use.
Opposite page: A 1963 Giulia Spider, born form a Giulietta body fitted with 1.6 engine.

*La Giulia T.I. sortie en 1962 (à droite) :
cette nouvelle berline coexiste au départ avec
la Giulietta, qu'elle appelée à remplacer à
terme. Différentes versions sont produites :
ci-dessus, la superbe TZ de 1963.*

The 1962 Giulia T.I. *(right)*, a new saloon,
which initially stood alongside the Giulietta
and eventually, replaced her.
Different versions were produced:
above the beautiful TZ from 1963.

Le nouveau véhicule, légèrement plus grand que son prédécesseur et d'ailleurs dénommé « Giulia », est appelé à remplacer à terme la Giulietta. Le premier modèle disponible, présenté en 1962, est simplement une version T.I. avec un moteur sophistiqué de 1.6 litre, à double arbre à cames, développant une puissance de 92 CV. Grâce à cette performance, il supplante toutes les autres berlines européennes. Par ailleurs, les autres éléments de sa mécanique sont d'une excellente qualité, avec une suspension sportive et cinq vitesses, ce qui est extrêmement rare à l'époque. Élégante, originale et aérodynamique, sa ligne présente également un coefficient de pénétration dans l'air exceptionnel, ce qui lui vaut le statut de « voiture taillée par le vent ». À la fin de l'année, la mécanique de la Giulia est également reprise dans les trois modèles sportifs de la Giulietta, à savoir les Giulia Sprint et SS signées Bertone, et le Spider Pininfarina.

La vocation des nouvelles voitures de sport Alfa Romeo étant désormais une évidence, le Biscione lance en 1963 la version TI Super, une berline avec des portières en aluminium et dont la lunette arrière ainsi que les vitres des portes arrières sont remplacées par du plexiglas. Équipée d'un moteur Twin-Spark (double allumage) de 112 CV et de quatre freins à disques, elle se révèle parfaite pour les courses dans la catégorie tourisme. Extérieurement, la TI Super est aisément reconnaissable grâce au remplacement des feux de route par des prises

The new vehicle, which was slightly bigger, resulting in its name Giulia, had to stand next to the Giulietta to eventually take her place.

The first model available, launched in 1962, was simply a T.I. with a sophisticated 1.6 twin-camshaft engine, its 92hp put it ahead of other European saloons for performance. Also, the other elements of its mechanics were of excellent quality with sports suspension and five gears, which at that time was highly rare. Its bodywork was tasteful and original and demonstrated an exceptional drag coefficient which earned the definition, "car designed by the wind".

By the end of the year, the Giulia's mechanics were also used in the three Giulietta sports models, thus creating the Giulia Sprint and SS with Bertone coachwork and the Pininfarina two-seater sports car.

Alfa Romeo's new sports car vocation was obvious and so Biscione made the TI Super model in 1963, a saloon with aluminium doors and hood and rear windows in Plexiglas. It had a 112hp Twin-Spark engine and four disc brakes, perfect for racing in the tourism category. It could be recognised on sight as the two inner headlights had been replaced by two additional ventilation grills.

d'air circulaires. 1963 est résolument l'année des Giulia sportives, avec l'arrivée des héritières de la Giulietta Sprint, la Giulia GT toujours signée Bertone, et la Giulia TZ (« Tubolare Zagato »), qui sont la quintessence d'un style classique purement italien à cette période. Cette dernière est une voiture de compétition hautement performante montée sur la plate-forme d'une Giulia TI Super avec une carrosserie très légère, un châssis tubulaire en acier revêtu d'aluminium, et se caractérisant par son arrière tronqué qui lui confère un aérodynamisme impressionnant.

En 1964, la Giulietta tire sa révérence et Alfa Romeo lance la Giulia 1300, qui avec sa vitesse maximale de 155km/h, détient le record absolu de tous les véhicules de 1.3 litre. Surfant sur cette vague de succès, la famille Alfa Romeo s'agrandit rapidement avec la sortie de la Giulia GTC, une version cabriolet de la GT signée Zagato et l'arrivée, en 1965, de la Giulia 1300 T.I. dotée d'un moteur puissant et d'une boîte à 5 vitesses (il est le seul véhicule de sa classe à posséder 5 vitesses) et de la Giulia Super affichant une finition plus raffinée et un moteur 1.6 litre de 98 CV. Toujours en 1965, la GT 1300 Junior voit également le jour ; cet autre modèle de sport est lui aussi promis à une belle destinée.

Deux autres modèles sortent ensuite : la Giulia GTA, une version plus légère de la GT, conçue pour poursuivre les succès sportifs engrangés par l'invincible Giulia T.I. Super dont elle

1963 was the year of the sports Giulia. In fact, the heirs of the Giulietta Sprint arrived, the Giulia GT, again with Bertone and the Giulia TZ (Tubolare Zagato) an emblem of Italian style in that period. The latter was a high performance sports car mounted on a Giulia TI Super flatcar with lightweight bodywork, steel tube framed surrounded by aluminium and characterised by its fastback which gave unexpected aerodynamic advantages.

In 1964, the Giulietta finally retired and the Giulia 1300 was born, with its maximum speed of 155km/h it won the record for 1.3 cars in the world.

On this wave of success, the Alfa Romeo family grew further with the addition of the Giulia GTC, a convertible version of the GT with Zagato coachwork and, in 1965, with the Giulia 1300 T.I. with a powerful engine and five gears (the only vehicle in its class to have them) and the Giulia Super with a more polished finish and 1.6, 98 hp engine.

*La Giulia est également proposée en version break,
particulièrement appréciée par la police des autoroutes.*

*The Giulia also appeared in a station wagon version,
one much appreciated by the highway police.*

*Avec l'arrivée de la Giulia, les modèles de sport Giulietta intègrent de nouveaux moteurs :
à gauche, la Giulia SS et ci-dessus, la Giulia Sprint.*

*With the arrival of the Giulia the Giulietta sports models were upgraded with new engines:
opposite page the Giulia SS and above the Giulia Sprint.*

avait hérité la mécanique raffinée, ainsi que le spider deux places Gran Sport Quattroruote, avec le concours du maître-carrossier Zagato pour Alfa Romeo, et dont la réalisation avait été sollicitée par la très réputée revue automobile italienne du même nom. Cette dernière est une réplique de l'ancienne 6C 1750 Gran Sport des années 30, mais montée sur la base mécanique moderne de la Giulia 1.6 litre. Ce projet peut sembler assez curieux aujourd'hui, mais il est parfaitement compréhensible dans le climat culturel et social de la seconde moitié des années 60, qui voit un bouillonnement tous azimuts de différentes tendances, depuis la redécouverte du passé jusqu'à l'apparition d'une passion pour la nature. Alfa Romeo est le seul grand constructeur automobile à produire un véhicule de style vintage, alors que de nombreux projets similaires émanent de plus petits carrossiers ; ceux-ci vont d'ailleurs se montrer plus actifs dans le nouveau secteur automobile des jeep-dunes et des petits véhicules tout terrain.

La gamme Giulia est alors très diversifiée et parvient à satisfaire les goûts des clients raffinés et amateurs de conduite sportive avec pratiquement chaque modèle. Elle manque toutefois d'un spider agile et leste, exploitant l'héritage de l'ancien modèle Pininfarina désormais désuet, qui était apparu une décennie auparavant avec la Giulietta. En réalité, la société milanaise et les carrossiers turinois avaient abordé cette question quelques années plus tôt et un prototype avait été

Again, in 1965, the GT 1300 Junior came to light, another sports model destined for greatness.

Two further models were added, on one side the Giulia GTA, a lighter version of the GT and destined to carry on the sporting successes of the unstoppable Giulia T.I. Super from which she had inherited her further refined mechanics, and on the side, the Gran Sport Quattroruote, which was built by Zagato coachwork for Alfa Romeo on the suggestion of the respected auto magazine of the same name. It was a replica of the historical 6C 1750 Gran Sport from the '30s but fitted out with the modern mechanics of the Giulia 1.6. This project may seem bizarre, yet, is completely understandable in the cultural and social climate of the second half of the '60s which saw the chaotic bubbling of different tendencies from a rediscovering of the past to a developing passion for nature. Alfa Romeo was the only big car manufacturer to produce a vintage style vehicle, although many similar ideas were coming from the smaller coachbuilders, who would be more active in the new dune-buggy and small off road car sector.

Le modèle Tubolare Zagato est le haut de gamme des voitures de sport Giulia. Il est célèbre pour sa solution innovante : l'arrière tronqué.

The Tubolare Zagato was the top Giulia sports car: it was renowned for its fresh solution to the fastback.

Quelques modèles particulièrement originaux datant tous de 1965 : la 1750 Gran Sport Quattroruote, dont la carrosserie est signée Zagato et qui se veut une réplique de la 6C 1750 sortie dans les années 30 (à gauche), la 2600 De Luxe avec une carrosserie OSI (en haut, à droite), la 2600 SZ Zagato (ci-dessous, à droite).

Some unusual Alfa Romeos from 1965: the 1750 Gran Sport Quattroruote, a Zagato-bodywork replica of the 6C 1750 from the 30s (left), the 2600 De Luxe OSI-bodywork (opposite page, top); the 2600 SZ Zagato (opposite page, bottom).

Un aperçu des modèles de la Giulia : en partant de la gauche, *la GT 1300 Junior, une berline utilisée par la police, le célèbre Spider Duetto, la GTC et la Super.*

An overview of Giulia models: *clockwise from left*, the GT 1300 Junior, a Police saloon, the renowned Spider Duetto, the GTC and the Super.

présenté au Salon de l'automobile de Turin. Sa production débute en mars 1966 et ne possède aucun nom à l'origine. Un concours est alors lancé dans la revue « Quattroruote » pour lui choisir un nom. C'est un habitant de Brescia qui le remporte en suggérant le nom « Duetto » en référence à sa structure : une voiture de sport 2 places. Malheureusement, un problème se pose rapidement à cause de l'homonymie avec le nom d'un goûter au chocolat, détenteur des droits sur ce nom. Par conséquent, Alfa Romeo ne l'utilise que pendant une brève période. Il est toutefois resté dans l'imaginaire et dans le cœur de ses amateurs, qui continuent à baptiser les modèles successifs de Duetto. La plate-forme du Duetto provient de la Giulia, dont l'empattement a toutefois été raccourci. Il s'agit véritablement d'un chef d'œuvre de style, le dernier projet sur lequel va travailler Battista dit « Pinin » Farina avant son décès. Ses contours sont très particuliers avec les flancs légèrement creux, et sa coupe nette sur le coffre lui vaut le surnom d'« os de seiche ». Sa renommée est considérable, surtout en termes d'image. Le Duetto s'exporte avec succès, également aux États-Unis, où elle partage la vedette avec Dustin Hoffman dans le célèbre film « The Graduate ».

The Giulia range was by then very wide and could satisfy the tastes of refined clients and sporting ones alike with practically every model. The range lacked only, an agile, nimble two-seater sports car which used the heritage of the now old Pininfarina model, which had appeared over ten years earlier with the Giulietta. In reality, the Milanese company and the Turin coachbuilders had been discussing this for a few years and a prototype had been shown at the Turin Motor Show. The version debuted in March 1966 and, initially, didn't have a name. In fact, a competition was launched in "Quattroruote" magazine to name it and was won by a person from Brescia who suggested "Duetto" referring to the fact that it was a two seater sports car. Unfortunately, there was a problem with a snack which held copyright to the name and so Alfa Romeo only used it for a short time. Enough time, nonetheless, for the name to enter the hearts of enthusiasts who continued to use it even for successive models. The Duetto came from the Giulia platform by shortening its wheelbase. It is a real masterpiece of style, the last project Battista "Pinin" Farina was directly involved in before his death. Its contours are truly particular, with the sides lightly hollowed and its tail narrowed earning it the nickname "cuttlefish bone".

Au sommet de sa popularité, Alfa Romeo va réaliser un exploit rarement vu dans de grandes sociétés, et encore plus surprenant de la part d'une entreprise publique. Au Salon automobile de Turin en 1967, une fabuleuse « Gran Turismo » utilisant la mécanique de voiture de course du prototype de la série 33, mais dans une interprétation routière, est inaugurée ; elle est d'ailleurs baptisée pour cette raison la 33 Stradale. Sa carrosserie, qui se caractérise par des portes papillons et qui est une des plus prestigieuses de cette période, a été dessinée par Franco Scaglione et construite par le spécialiste lombard Marazzi. Son capot abrite un moteur Twin-Spark V8 de 2 litres à carter sec d'une puissance de 230 CV, en position centrale arrière. Conçu par l'ingénieur Carlo Chiti, il est combiné à une boîte Colotti à 6 vitesses. Sa mécanique n'a manifestement rien à voir avec la production de série traditionnelle d'Alfa Romeo : elle sort effectivement tout droit des pistes de course. Seuls 18 exemplaires sont construits, ce qui suffit toutefois pour ériger l'Alfa Romeo 33 Stradale au rang de légende.

Alfa Romeo domine alors sans nul doute le secteur de gamme moyenne-haute – peut-être pas numériquement, mais certainement en termes d'image et d'attractivité. Mais il subsiste une lacune pour le marché des plus gros modèles, l'Alfa 2600 n'étant pas parvenue à marquer celui-ci de son empreinte. La société décide, par conséquent, de tenter une

Its collective success was enormous especially with regards to its image. The Duetto was successfully exported, also in the United States where it became Dustin Hoffman's co-star in his debut movie, The Graduate.

At the height of its popularity Alfa Romeo undertook a feat which is rare to see in big organisations, more so given that it was public property. At the Motor Show in Turin in 1967, an incredible "Gran Turismo" using racing car mechanics from the prototype 33 series, but street-legal, was unveiled; for this reason it was called the 33 Stradale. The bodywork, one of the most beautiful of the period, was characterised by butterfly doors and was styled by Franco Scaglione and built by the Lombard specialist Marazzi. Under its hood, it concealed a two litre 8V 230hp Twin-Spark dry-sump mid engine. It was designed by the engineer Carlo Chiti and combined with a Colotti gear shift with six gears. Obviously its mechanics had nothing to do with Alfa-Romeo's normal line production: it had arrived directly from the race track. Only eighteen were built, yet, they were enough to allow the 33 Stradale to leap directly into legend.

Deux icônes Alfa Romeo : la 33 Stradale (à gauche) et la 1750 Spider Veloce (à droite).

Two Alfa Romeo icons: the 33 Stradale *(opposite page)* and the 1750 Spider Veloce *(right)*.

nouvelle approche et fin 1967, elle sort une berline de classe supérieure et moins coûteuse. Pour maintenir les coûts à un faible niveau, un modèle dérivé de la Giulia va d'abord sortir ; son empattement est légèrement plus long et la carrosserie intégralement repensée avec le concours de Bertone. Son moteur est néanmoins un nouveau 1.8 litre à double arbre à cames, mais pour évoquer les anciens modèles, les CCS sont approximatives afin de créer une légère déformation et la voiture reçoit la dénomination 1750. Moderne et attrayante, elle est accueillie positivement par le public, mais les grèves de l'automne chaud de 1969 (l'équivalent du Mai 68 français) viennent malheureusement perturber la vie de ces modèles : en guise de protestation, les travailleurs entravent la production et causent de fréquents sabotages, qui ont de terribles répercussions sur la qualité de la voiture.

Le moteur de l'Alfa 1750 est entre-temps monté sur des voitures de compétition, la 1750 GT Veloce et la 1750 Spider Veloce, qui remplacent respectivement la Giulia GT et le spider Duetto.

Alfa Romeo dominated, without doubt, the middle to high end sector – perhaps not numerically, but certainly for image and desirability. There was, however, a gap in the market for larger models where the 2600 had failed to make its mark. The company decided, therefore, to try a new approach and, at the end of 1967, they brought out a more compact and less costly saloon. To keep down costs, they started with the Giulia, lengthening its wheelbase slightly and completely redesigning its bodywork with the help of Bertone. Its engine, however, was a new 1.8 twin-camshaft but to bring old models to mind the ccs were approximated to create a slight flaw, the vehicle was called the 1750. Modern and likeable, it was favourably received by the public, but unfortunately, it was quickly shelved due to the "hot autumn" strikes of '69 when workers protesting their contracts held up production and caused frequent sabotage, which had terrible repercussions on the quality of the car.

En 1967, de nouvelles Alfa Romeo dérivées de la Giulia et intégrant le moteur de la 1750 voient le jour : parmi les nombreuses versions, la berline et la GT Veloce (page ci-contre).

In 1967, new Alfa Romeos derived from the Giulia appeared with the 1750 engine: amongst the many versions the saloon and the GT Veloce *(opposite page).*

Les derniers changements de la décennie des sixties s'expriment par une nouvelle version spéciale, signée Zagato, de la GT 1300 Junior avec une ligne carrée et anguleuse, de nombreuses innovations, et la modernisation de la voiture de sport 2 places, notamment au niveau de l'arrière, qui abandonne sa forme arrondie pour une structure plus compacte.

The 1750 engine was, in the meantime, fitted into sports cars giving life to the 1750 GT Veloce and the 1750 Spider Veloce which, respectively stood next to the Giulia GT and the Duetto.
The final changes in the '60s were a special Zagato version of the GT 1300 Junior with a wedge shaped, squared body and many innovations and the updating of the two seater sports car, greatly modified in the rear abandoning the round tail form in favour of a short tail.

Le nom Duetto est officiellement utilisé pendant très peu de temps. Toutefois, les Alfistes continueront de l'employer pour également dénommer tous les spiders Alfa Romeo qui sortiront par la suite. Page ci-contre : la 1300 Junior (1968).

The name Duetto was used officially only for a brief time, however, enthusiasts continued to use it for all Alfa Romeo Spiders. Opposite page the 1968 1300 Junior.

La très originale GT Junior (1969),
avec une carrosserie Zagato.
Elle se veut quelque peu différente du
coupé classique Alfa Romeo.

The unconventional 1969 GT Junior,
with Zagato-bodywork, a little different
from the classic Alfa Romeo coupé.

En 1969, le spider Alfa Romeo connaît son premier restyling : sa face arrière surnommée « os de seiche » est modifiée en fastback.

In 1969, the Alfa Romeo Spider had its first upgrade; its back was changed from the "cuttlefish bone" to a fastback.

L'ALFASUD ET LES ANNÉES DE CRISE

The Alfasud and the crisis years

Les années 70 débutent avec un certain degré d'optimisme pour Alfa Romeo, compte tenu du succès continu de ses modèles et des perspectives prometteuses pour le proche avenir, malgré les conflits syndicaux qui s'enveniment au sein de l'usine et l'asphyxie provoquée durant quelque temps par le drame des « années de plomb ».

En 1970, pour renforcer son image sportive, Alfa Romeo lance une nouvelle GT fascinante. Opérant un retour à une voiture concept présentée à l'Expo 67 de Montréal, un coupé agressif était né : dessiné et produit par Bertone et équipé d'un nouveau moteur V8 de 2.5 litres dérivé de celui de la 33 Stradale, son châssis est celui de la Giulia GTV, c'est-à-dire avec un moteur à l'avant et une propulsion arrière. Voyant que la voiture concept n'affiche pas de nom, des amateurs commencent à la baptiser du nom de la ville canadienne où elle avait été présentée, ce qui finit par rester. La dénomination « Montréal » sera d'ailleurs maintenue pour d'autres voitures de la série.

L'année suivante voit uniquement l'apparition d'un petit changement : l'Alfa 1750 devient l'Alfa 2000 pour les versions berline et GT.

The '70s opened with a certain amount of optimism for Alfa Romeo thanks to the continued success of its models and the promising prospects of the near future, notwithstanding, the embittered union disputes in the factory and from there, in a short time it would be suffocated by the drama of the "years of lead".

In 1970, to reinforce its sports image, Alfa Romeo launched a new intriguing GT sports car. Going back to a concept car presented at Expo 67 in Montreal, an aggressive coupé was born. Designed and produced by Bertone and motorised by a new 2.5 V8 engine derived from that of the 33 Stradale, the chassis was that of the Giulia GTV, so with front engine and rear wheel drive. Seeing that the concept car didn't have a name, enthusiasts starting calling it by the Canadian city where it had debuted and this eventually stuck and "Montreal" was maintained even for other cars in the series.

The following year saw only one mildly significant change: the 1750 became the 2000, in both saloon and GT versions.

En 1971, l'Alfa Romeo 1750 est *perfectionnée pour donner vie à l'Alfa 2000. Ci-dessous, la berline 2000 et ci-dessus, la Giulia GTV 2000, utilisant le même moteur.*

In 1971, the Alfa Romeo 1750 was upgraded creating the 2000. *Above* the 2000 saloon and *below* the Giulia GTV 2000, which used the same engine.

Véhicule Grand Tourisme splendide et sophistiqué avec un moteur à huit cylindres, l'Alfa Romeo Montreal est un parfait exemple de ce que l'on peut appeler « la mauvaise voiture au mauvais moment » : elle sort effectivement à l'aube de la crise pétrolière.

Splendid and sophisticated Gran Turism with an eight-cylinder engine, the Alfa Romeo Montreal
is a classic example of the wrong car at the wrong time: it appeared on the dawn of the petrol crisis.

Le réel tournant pour Alfa Romeo survient en 1972, avec une avant-première en novembre 1971 au Salon de l'automobile de Turin : l'Alfasud était née. Il ne s'agit pas juste du nom d'un modèle chanceux, mais aussi de celui d'une grande usine moderne que Luraghi, en tant que président d'Alfa Romeo, voulait construire à Pomigliano d'Arco, c'est-à-dire à proximité de l'ancien centre aéronautique qui avait travaillé sur différents contrats pour l'OTAN après la Seconde Guerre Mondiale.

L'objectif de ce nouveau produit est d'amener Alfa Romeo sur un secteur du marché où il n'avait encore jamais été présent, à savoir celui des véhicules de petite taille et de taille moyenne, concurrençant ainsi la Fiat 128 avec un modèle nouveau et totalement différent de ce que proposait la gamme jusqu'à présent : une voiture à traction avant, dotée d'un moteur boxer 4 cylindres de 1.2 litres et d'une carrosserie fastback, un des premiers chefs d'œuvre du styliste Giorgetto Giugiaro d'Italdesign.

The real turning point for Alfa Romeo was programmed for 1972, with a preview in November 1971 at the Motor Show in Turin, the Alfasud was born. It wasn't just the name of a lucky model but also that of a big, modern factory which Luraghi in his role as President of the organisation, wanted built in Pomigliano d'Arco instead of the old aeronautic centre, which after WWII had worked on various NATO contracts.

The idea of the new product was to bring Alfa Romeo to a sector of the market where it had never been present, that of small to medium sized vehicles, placing itself in competition with Fiat's 128, with a model which was new and completely different to anything else in the range: front wheel drive, four-cylinder boxer 1.2 engine and fastback bodywork, one of Giorgetto Giugiaro's Italdesign's first masterpieces. Rudolf Hruska, returned to Alfa Romeo after a disagreement which had removed him in the '60s, designed the mechanics.

En 1972, la première Alfa Romeo dotée d'une traction avant voit le jour : dessinée par Giorgetto Giugiaro, elle est construite à l'usine de Pomigliano d'Arco (NA) et est dès lors appelée « Alfasud ».

In 1972, the first Alfa Romeo with front traction appeared, designed by Giorgetto Giugiaro, it was built at the Pomigliano d'Arco (NA) plant and so was called the Alfasud.

En partant de la photo du haut :
*la berline Alfasud (1972),
l'Alfasud Sprint (1973)
et la première série de l'Alfetta
(1972).*

Clockwise from top photo:
The 1972 Alfasud saloon,
the 1973 Alfasud Sprint
and the 1972 first series Alfetta.

Revenu chez Alfa Romeo après un différend ayant provoqué son départ de l'usine pendant quelques années, l'ingénieur Rudolf Hruska en élabore la mécanique. L'Alfasud marque toutefois aussi une rupture d'un point du vue social et productif. Un travail de reconstruction débute en 1967 sur le site de Pomigliano d'Arco et Luraghi perçoit toute la nécessité de transférer des activités dans le sud de l'Italie plutôt que d'encourager la migration dans les grandes villes du nord, qui déboucherait à terme sur des problèmes d'intégration. La naissance d'Alfasud va également induire un changement au niveau du logo Alfa Romeo : le terme « Milan » est supprimé étant donné que la ville lombarde n'est désormais plus le seul site de production de la société.

L'année 1972 est, en outre, celle des grands changements. La campagne marketing de l'Alfasud bat son plein et une nouvelle berline voit également le jour. Celle-ci se positionne sur le marché entre la Giulia et l'Alfa 2000. Arrivée presque par accident dans la confusion qui avait régné au niveau de la stratégie d'Alfa durant les années précédentes, l'Alfetta apporte une réponse innovante aux parties qui jugeaient les deux autres berlines comme étant obsolètes sur le plan conceptuel et stylistique. Malheureusement, d'autres secteurs de management la considèrent trop éloignée de la ligne classique de la gamme, tant appréciée des Alfistes, ce qui conduira à une attitude trop indécise, retardant le succès qui lui revenait de droit. En réalité,

The Alfasud, however, was a breakaway decision from a social and production point of view too. Work began on the reconstruction at Pomigliano d'Arco in 1967 and Luraghi had already realised that it would be better to transfer work to the south instead of trying to incentivize migration to the large cities in the north, which brought with it problems for integration. The birth of Alfasud brought about a change to the Alfa Romeo logo as the word Milan was removed now that the Lombard city was no longer the only point of production for the company.
1972 marked a year of great changes. Not only was there the marketing campaign for the Alfasud but a new saloon also arrived, to be positioned in the market place between the Giulia and the 2000. Brought about nearly by accident in the confusion, which had reigned at the company's strategic level in the previous years, the Alfetta was an innovative answer from the sections which held that the other two saloons were conceptually and stylistically obsolete. Unfortunately, other areas of management considered it too far removed from the classic ranges, which the Alfisti appreciated, and as a result held it back too much, delaying the success it deserved.

Conformément à la tradition, une version sportive de l'Alfetta est produite en 1974 : la GT, dessinée par Giorgetto Giugiaro.

In keeping with tradition a sports version of the Alfetta, the GT was produced in 1974, designed by Giorgetto Giugiaro.

l'Alfetta amenait un autre mode de pensée, très raffiné sur le plan technique, avec le schéma transaxle : la boîte de vitesses n'est donc plus accouplée au moteur, mais au différentiel et au pont arrière pour une répartition parfaite des masses. Son style diverge, lui aussi, clairement des trois autres modèles Biscione, avec des lignes tendues et très anonymes, ce qui alimente également les incertitudes de certains. Ce problème vient s'ajouter à la crise pétrolière, causée par la guerre du Kippour entre l'Égypte et Israël, qui fait flamber le prix de l'essence. Cette situation frappe de plein fouet le secteur de l'automobile, dont les ventes connaissent une baisse considérable.

Pour Alfa Romeo, ceci marque le début d'une terrible période d'incertitude et de graves difficultés. C'est la raison pour laquelle les anciens et les nouveaux modèles vont perdurer pendant de nombreuses années sans subir de modifications significatives. Au lieu d'être remplacée comme prévu initialement, la Giulia fait donc peau neuve en 1974, avec des lignes quelque peu simplifiées dans une vaine tentative de restyling. L'année suivante, l'Alfetta est également proposée avec un moteur moins gourmand de 1.6 litre au lieu de 1.8 litre pour le modèle d'origine, afin de réduire la consommation – ce qui était alors la principale préoccupation des conducteurs.

In fact, the Alfetta led to a new school of thought, one, which was technically very refined, with the transaxle, which meant the gearbox were not coupled with the engine but placed on the rear axle with the differential to improve the distribution of weight. Even its style clearly diverged from the other three Biscione models with its taut lines and ample plain surfaces and this aroused further uncertainty. This problem was coupled with the petrol crisis caused by the Kippur War between Egypt and Israel, which led the price of fuel to skyrocket. This fell like an axe on the automobile sector drastically shrinking sales.

For Alfa Romeo, this signified a terribly difficult and uncertain period, which saw old and new models live on without significant changes for many years. The Giulia, instead of being substituted as it should have been, was again updated in 1974 simplifying her lines slightly in a vain attempt to modernise her. The following year the Alfetta was offered with a 1.6 engine alongside the original 1.8 in an attempt to contain consumption, which was drivers' greatest concern.

La Giulia côtoie pendant quelque temps les modèles plus modernes de l'Alfetta. Page ci-contre : *la Giulia Nuova Super (1974), ayant subi un restyling.*

The Giulia continued in production alongside the more modern Alfetta for a few years. *Opposite page:* the restyled New Giulia Super from 1974.

En partant de la photo du haut : *l'Alfasud Giardinetta (1975) dont la durée de vie est très brève, la Giulia Nuova Super (1974) et l'Alfetta GT 1.8 (1974).*

Clockwise from top photo: the short-lived 1975 Alfasud Giardinetta, the 1974 New Giulia Super and the 1974 Alfetta GT 1.8.

L'esprit sportif du constructeur milanais est, lui aussi alimenté par la sortie de différents coupés, qui vont connaître des destins divers. La prestigieuse Montréal se révèle invendable dans les périodes de crise tandis que l'Alfetta TI lancée en 1973 est jugée trop « ordinaire » pour être appréciée. Les choses s'améliorent quelque peu avec l'Alfetta GT, sortie en 1974, et avec l'arrivée deux ans plus tard de la GTV 2.0 et de l'Alfasud Sprint, deux coupés signés Giorgetto Giugiaro.

Le remplacement de la Giulia ne pouvant plus être reporté davantage, une nouvelle berline moderne lui succède en 1977 ; elle est baptisée du nom de la devancière de la Giulia : Giulietta. Elle reprend la base de l'Alfetta, tout en réduisant son châssis et sa mécanique dans une optique de réduction des coûts, et intègre des moteurs de 1.3 litre et 1.6 litre. Les lignes sont entièrement innovantes et caractérisées par une forme angulaire de laquelle ressort la pointe d'un spoiler arrière, une réelle nouveauté pour l'époque. La trop grande similitude avec l'Alfetta nécessite toutefois de rétablir une certaine distance entre les deux modèles. L'Alfetta 2000 va, par conséquent, sortir à la même période ; elle présente une nouvelle face avant plus longue d'une dizaine de centimètres et dotée de phares rectangulaires, ce qui confère une plus grande importance à l'ensemble de la carrosserie.

The sporting spirit of the Milanese carmaker was fed by some coupé versions, which had varying fortunes. The beautiful Montreal was unsaleable in hard times whilst the Alfetta TI launched in 1973 was deemed too "ordinary" to be appreciated. Things went slightly better with the Alfetta GT, which debuted in 1974, and two years later became the GTV 2.0, and also with the Alfasud Sprint in 1976, both coupes designed by Giorgetto Giugiaro.

The Giulia's substitution could no longer be put off and finally, in 1977, a new, modern saloon arrived baptised the Giulietta, same as her predecessor. She came from the Alfetta, in an effort to reduce costs the Alfetta's chassis and mechanics were kept and 1.3 and 1.6 engines were installed. The lines were completely innovative and characterised by an angular form from which protruded the hint of a rear spoiler, a real novelty at that time. The excessive similarity to the Alfetta made it necessary to re-establish distance between the two models and so the Alfetta 2000 was launched at the same time, with a new front with rectangular headlights and ten centimetres longer, so as to give greater importance to the amount of bodywork.

En 1975, l'Alfetta connaît une première modification, avec l'ajout d'un nouveau moteur de 1.6 litre en plus du moteur original de 1.8 litres.

In 1975, the Alfetta got its first upgrade
and a new 1.6 engine to go alongside the original 1.8.

Ci-dessus : *l'Alfasud Sprint Veloce, une version coupé de la petite traction avant d'Alfa Romeo.*
Page ci-contre : *la version sport de l'Alfetta, dont le succès est à son apogée en 1975 avec la GTV.*

Above: the Alfasud Sprint Veloce, a coupé version of the small front wheel drive Alfa Romeo.
Opposite page: the Alfetta sports version, which reached the peak of its success with the 1975 GTV.

In 1976, un nombre limité d'exemplaires de la puissante Alfetta GTV sont produits. Ce modèle possède un moteur V8 de 2.6 litres.

In 1976, a limited number of powerful Alfetta GTV with 2.6 V-8 engines was produced.

Mais la durée de vie de l'Alfetta 2000 sera, elle aussi, relativement brève. Sa substitution va de nouveau conduire à une fragilisation de la politique stratégique, puisqu'il est décidé d'exploiter un modèle qui avait été différé pendant quelques années et toujours retardé – celui-ci est encore une fois dérivé de l'Alfetta dont il conserve certains composants, en ce compris les portières. Conçue en 1973 et lancée en 1979, l'Alfa 6 est déjà dépassée au moment de sa sortie et est, en outre, commercialisée à une période difficile. Elle ne peut pas contrer la concurrence sans cesse plus rude de l'étranger – de BMW et Mercedes-Benz en particulier – malgré son moteur V6 sophistiqué de 2.5 litres, développé par Giuseppe Busso.

Un autre modèle promis à un plus bel avenir apparaît la même année : l'Alfetta Turbo Diesel, équipée du premier moteur turbo diesel italien. Malgré sa commercialisation plus tardive par rapport aux fabricants étrangers, cette nouveauté parvient à compenser l'échec considérable de la première Alfa Romeo Diesel, produite en 1976 et équipée du moteur lent et bruyant Perkins 1.8 litre du fourgon Alfa Romeo F12, installé dans la dernière série de la Giulia Super. Dans le cas de l'Alfetta, la mécanique est supérieure et utilise un moteur de 2 litres fourni par VM, d'une puissance de 82 CV et capable d'atteindre 155km/h, ce qui l'amène à être leader du marché pour ce type de système d'alimentation en carburant.

Even the 2000 could not survive for long. Its substitution led yet again to weak strategic thinking, making use of a model that had been procrastinated over for a few years but always delayed, it once again derived from the Alfetta from which it maintained different components including the doors. Conceived in 1973 and launched in 1979 the Alfa 6 came into the world already aged and at a difficult time. It couldn't counter the ever-growing competition from abroad – from BMW and Mercedes-Benz in particular – not even with its sophisticated 2.5 V6 engine designed by Giuseppe Busso.

A better fate awaited another model born in the same year, the first supercharged diesel fuel engine in Italy, the Alfetta Turbodiesel. Despite appearing later than foreign manufacturers, it managed to make up for the incredible failure of the first Alfa Romeo Diesel, built in 1976 and fitted with the slow and noisy 1.8 Perkins engine from the Romeo F12 van installed in the latest series of the Giulia Super. In the case of the Alfetta, the engineering was superior and it used a 2 litre built by VM that expanded to 82hp and allowed it to reach 155km/h, which put it at the top of the market for this type of fuel system.

La Nuova Giulietta fait son apparition en 1977 et est l'un des plus célèbres modèles utilisés par la police d'État.

The New Giulietta arrived in 1977 and was one of the most recognised models used by the State Police.

À l'amorce des années 80, la gamme Alfa Romeo perd de son attractivité, en proposant des modèles vieillots et mal conçus : elle souffre de plus en plus des problèmes généraux concernant la qualité notamment de la protection contre la rouille lors de l'assemblage, ce qui porte ombrage aux nombreuses solutions valables sur le plan mécanique. L'effet de la crise économique globale s'estompe peu à peu, mais les bouleversements des années 70 ont également induit un changement encore inconnu jusqu'alors sur le marché : le jeu de la concurrence ne se situe plus entre les marques Alfa Romeo et Lancia (celle-ci ayant déjà été absorbée par Fiat), mais également et surtout sur un terrain international où les véhicules lombards perdent progressivement toute crédibilité.

Durant les premières années de cette nouvelle décennie, la survie va dépendre de la capacité à proposer de nouveaux modèles en mesure de regagner le cœur du public, mais encore une fois, ceux-ci vont subir des failles, ainsi que le lot de décisions contradictoires voire préjudiciables.

Straddling the '70s and '80s, the Alfa Romeo range had become less attractive, made up of old, ill-conceived models and worse, still suffering from general problems with quality especially in assembly a rust protection, which overshadowed the validity of many engineering solutions. The effect of the global economic crisis was easing little by little but the upheavals of the '70s had also brought a shift in the market which hadn't been seen before: the game was no longer between Alfa Romeo and Lancia (the latter already absorbed by Fiat) but was also and especially on an international field where the Lombard vehicles were losing all credibility.

With the first years of the new decade, survival was tied to offering new models that could win back the public, but, yet again, problems with weak, contradictory and sometimes damaging decisions surfaced.

*L'Alfetta sortie aux USA
en 1978 dans une
version spécialement
conçue pour le marché
américain et qui va
remporter un certain
succès.*

The Alfetta arrived
in USA in 1978,
in a version specially
designed for the
American market,
which brought some
success.

Le restyling de la gamme se révèle maladroit et excessivement coûteux. Prenons l'exemple du Spider, un modèle connaissant un grand succès dans son segment commercial : conformément à la mode de l'époque, il est « modernisé » en 1982 par l'ajout d'un spoiler arrière noir en plastique imposant et tape-à-l'œil, ce qui brise toute l'élégance de la ligne originale. Les efforts consentis sur la Giulietta, l'Alfetta et l'Alfa 6 sont tout aussi poncifs. Même si peu de nouveaux modèles sportifs sont proposés, ils requièrent du moins un certain intérêt d'un point de vue mécanique, avec notamment la puissante Giulietta et l'Alfetta GTV Turbo réalisée par Autodelta, le département courses du constructeur automobile milanais, ou encore les différentes versions de l'Alfetta GTV6 avec un moteur V6 succédant au fugace V8 de 1977.

The restyling of the range was clumsy and overly costly. Take the Spider as an example, a greatly successful car in its niche market. In keeping with the fashion of the time, it was "modernised" in 1982 by adding a showy, garish, black, plastic rear spoiler, destroying all the elegance of the original line. Equally banal were the efforts on the Giulietta, Alfetta and Alfa 6. Whilst few new sports models were issued, they at least merited some interest from an engineering point of view e.g. the powerful Giulietta and Alfetta GTV Turbos fitted out by Autodelta, the sports car department of the Milanese organisation, or the different versions of the Alfetta GTV-6 with a V6 engine which followed the short lived V8 variation from 1977.

En partant de la photo en haut à gauche : *l'Alfetta GTV 2.0 (1978), l'Alfa 6 (1979), l'Alfetta Turbo Diesel (1979) et la deuxième série de l'Alfasud (1980).*

Clockwise from top left photo: the 1978 Alfetta GTV 2.0, the 1979 Alfa 6, the 1979 Alfetta Turbodiesel and the 1980 second series Alfasud.

À gauche : *l'Alfetta 2000 (1981). Pour lui donner plus d'importance, son nez a été rallongé de quelques centimètres.*
Page ci-contre : *l'Alfetta GTV6 avec un moteur V6.*

Left: *the 1981 Alfetta 2000; to give it greater importance the nose was lenghtened by a few centimetres.*
Opposite page: *the Alfetta GTV6 with a V-6 engine.*

La première à être remplacée est la berline Alfasud qui cède effectivement sa place à l'Alfa 33 en 1983. Le projet est réalisé avec une attention particulière réservée aux coûts et il est décidé de refaire sa carrosserie devenue vieillotte. Véhicule hatchback 5 portes doté de lignes modernes, l'Alfa 33 est le fruit de l'imagination d'Ermanno Cressoni. Avec onze ans d'écart, elle conserve le châssis de l'Alfasud, mécanique et moteur compris. Le nouveau modèle va néanmoins connaître un grand succès et apporter une bouffée d'oxygène au sein de la société, dont la situation financière est de plus en plus désastreuse. L'année suivant son lancement, deux nouvelles versions sont proposées aux clients : la berline 1.5 4x4 et la Giardinetta (break). Dessinée par Pininfarina, cette dernière est disponible en traction avant ou en 4x4.

The first to be substituted was the Alfasud saloon, which, in 1983, gave its place to the Alfa 33. The project was carried out with great attention to cost and it was decided to redo its outdated bodywork. The Alfa 33, with its modern lines as a five door hatchback was styled by Ermanno Cressoni, it was placed on the Alfasud chassis, mechanics and engine included, but over eleven years old. Nonetheless, the new model was a great success and breathed some oxygen into the ever more disastrous finances in the organisation. They offered two new versions to their customers the year after the launch: the 1.5 4x4 saloon and the Giardinetta (station wagon) styled by Pininfarina available in two or four wheel drive.

Le spider Alfa subit un nouveau restyling en 1982, avec l'ajout de pare-chocs noirs en plastique et d'un spolier arrière, donnant lieu à une combinaison peu esthétique.

The Alfa Spider was upgraded in 1982, adding black plastic bumpers and rear spoiler, resulting in a not very aesthetic combination.

Elle est en outre extraordinaire d'un point de vue stylistique, et au même titre que le break Lancia Thema, elle va modifier complètement la perception que l'on pouvait avoir des véhicules breaks. Il ne s'agit plus d'un produit destiné aux petites entreprises ou aux commerciaux, mais bien d'une voiture pour la vie de tous les jours confortable, pratique, très jolie et dotée d'un certain « snob-appeal ».

Désireuse d'étendre sa gamme vers le bas mais n'étant pas en mesure de résister au temps ainsi qu'aux coûts, Alfa Romeo va de nouveau essuyer un sérieux revers, atteignant cette fois le point le plus bas de son histoire. Fin 1983, le modèle Arna est lancé. Son nom est en fait l'acronyme de « Alfa Romeo Nissan Autoveicoli ». Cette voiture est le fruit d'un contrat passé entre Ettore Massacesi (président d'Alfa Romeo) et le constructeur japonais. L'Arna est fabriquée sous licence au sein de la nouvelle unité de production construite à Pratola Serra, près d'Avellino, avec la contribution de la Cassa del Mezzogiorno (la « Caisse du Midi »).

The latter was stylistically extraordinary and together with the Lancia Thema Station-Wagon completely modified the perception of estate cars. It was no longer just a product for small businesses and salesmen but now a car for everyday life, comfortable, practical and also beautiful and with snob-appeal.

In an attempt to direct sales down market, though not able to bear time or costs, Alfa Romeo mis-stepped again, hitting the lowest point in its glorious history. At the end of 1983, the Arna was launched. Its name is an acronym for "Alfa Romeo Nissan Autoveicoli". It was fruit of a contract signed by Ettore Massacesi (president of Alfa-Romeo) with the Japanese car maker.

The Arna was built under licence at a new assembly plant in Pratola Serra, near Avellino, thanks to contributions from Cassa del Mezzogiorno.

En 1984, Alfa Romeo commence la production d'un modèle voué à l'échec : l'Arna, la version italienne de la Nissan Pulsar. Son nom est en réalité l'acronyme d'Alfa Romeo Nissan Autoveicoli.

In 1984 Alfa Romeo began production of the ill-fated Arna, the Italian version of the Nissan Pulsar; in fact, its name was an acronym of Alfa Romeo Nissan Autoveicoli.

À droite, *la dernière série de la Giulietta, introduite en 1983 :* ci-dessus, *une version normale et* ci-dessous, *la puissante Turbodelta 2.0.*
Page ci-contre :
l'Alfa 33 qui remplace en 1984 l'Alfasud, dont elle hérite de la mécanique.

Right, final series Giulietta, introduced in 1983:
above a normal version and *below* the powerful 2.0 Turbodelta.
Opposite page: the Alfa 33, which in 1984 replaced the Alfasud using its mechanics.

La carrosserie est réalisée au Japon et envoyée par bateau en Italie bien que le moteur lui étant destiné soit le 1.2 litre de l'Alfasud. Elle était très éloignée des standards de la marque Alfa et inacceptable sur le marché international où elle est considérée comme la Datsun Cherry (Nissan Pulsar au Japon). L'Arna est, en outre, désavantagée par les difficultés de compatibilité entre les composants italiens et orientaux, ce qui se répercute automatiquement sur la qualité. Elle s'avère un échec cuisant et sa production est dès lors rapidement arrêtée.

La position d'Alfa Romeo continue de se détériorer au fil du temps. Le constructeur se retrouve tiraillé entre des modèles désuets qu'il ne parvient pas à vendre et le manque de fonds disponibles pour les moderniser. En 1984, le Salon de l'automobile de Turin voit un retour vers une ancienne approche. L'Alfa 90 est présentée comme la nouvelle vedette de la marque. Elle n'est cependant qu'une version plus cossue d'un ancien modèle. Son design est rajeuni sous la supervision de Bertone. Les châssis sont ceux de sa devancière, l'Alfetta, avec le schéma transaxle. Les moteurs sont issus de l'Alfetta et de l'Alfa 6 : les 4 cylindres 1.8 litre et 2.0 litres, le V6 2.5 litres et le Turbo Diesel 2.4 litres de VM.

The bodywork was pressed in Japan and sent by ship to Italy whilst the engine was the 1.2 from the Alfasud. It was far removed from the standards of the Alfa brand and unacceptable in the international market where it was known as the Datsun Cherry (Nissan Pulsar in Japan). The Arna was further disadvantaged by the difficulties in wedding Italian components with oriental ones, which led to a deficiency in quality. It would quickly go down in history as an unmitigated failure.

Alfa Romeo's position continually deteriorated. It was trapped between aged models it couldn't sell and the lack of funds to update them. The Turin Motor Show in 1984 saw a return to an old approach. The Alfa 90 was debuted as a new flagship. It was, however, just a heavier version of an older model. Its style was rejuvenated under supervision by Bertone. The chassis were those from the Alfetta, with the transaxle, on which engines from the same model and the Alfa 6 were mounted. The four-cylinder 1.8 and 2.0, the V6 2.5 and the Turbodiesel 2.4 from VM.

*Présentée en 1984, l'Alfa 90 a pour délicate mission de remplacer l'Alfetta et l'Alfa 6 ;
en réalité, sa production ne va durer que trois ans.*

The Alfa 90 debuted in 1984 with the difficult task of replacing
the Alfetta and the Alfa 6; in reality its production only lasted three years.

À droite : *l'Alfa 33 1.5
Quadrifoglio Verde* (ci-dessus) *et
l'Alfa 33 Giardinetta* (ci-dessous).
Page ci-contre : *l'Alfa 75 (1985),*
dont le nom commémore le 75^e
anniversaire de la marque.

Right: the Alfa 33 1.5
Quadrifoglio Verde *(above)*
and the Alfa 33 Giardinetta
(below).
Opposite page: the 1985 Alfa 75,
whose name commemorated
the 75th anniversary of the brand.

Cette politique interne destructrice aussi inexplicable que préjudiciable, réalisant quelques économies au prix de toute tentative d'enrayer la concurrence, va toutefois connaître un rebond positif l'année suivante, avec l'apparition de l'Alfa 75 (pour marquer le 75e anniversaire de la marque lombarde). Ce modèle est le successeur de la Giulietta. Il s'agit cependant d'une énième version dérivée de l'ancienne Alfetta. Ses lignes modernes et agressives, dessinées par Cressoni dans le Centre Stile, le principal studio de design d'Alfa Romeo, garantissent un certain succès auprès des Alfistes, malgré le fait qu'elle signe le déclin et la fin de l'Alfa 90. Ses prouesses sportives sont immédiatement reconnues comme étant la clé de son succès, ce qui est également mis en évidence en 1986 avec l'apparition de l'Alfa 75 1.8 Turbo. Cette dernière se décline dans une version tape-à-l'œil, l'Alfa 75 Evoluzione, désireuse de commémorer les succès en courses automobiles de l'année précédente.

Cependant, la situation économique d'Alfa Romeo finit par devenir intenable pour l'État italien.

This continued inexplicable internal cannibalism which created some savings but at the cost of attempts to combat competition, raised its head again the following year with the appearance of the Alfa 75 (to mark the 75th year of the Lombard brand). It substituted the Giulietta. It was, however, for the umpteenth time another child of the old Alfetta. Its modern and aggressive lines, designed by Cressoni in Alfa Romeo Centro Stile, guaranteed it a certain amount of success amongst enthusiasts despite it signalling the end of the Alfa 90.

Its sports prowess was immediately recognised as its key to success and this was underlined in 1986 with the appearance of the 1.8 Turbo. This later declined into a gaudy version, the "Evoluzione", which wanted to commemorate the racing successes of the previous season.

The economic situation at Alfa Romeo, however, finally became untenable for the Italian State.

L'Alfa Romeo 75 Turbo Evoluzione (1986) est l'un des récents modèles les plus appréciés des Aflistes.

The 1986 Alfa Romeo 75 Turbo Evoluzione is one of the recent models most loved by enthusiasts.

ALFA ROMEO AU SEIN
DU GROUPE FIAT

**Alfa Romeo
in the Fiat Group**

En 1986, Romano Prodi, président de l'IRI, arrive à la conclusion qu'il est préférable de céder Alfa Romeo à un constructeur automobile concurrent afin d'éviter des pertes supplémentaires. À la suite d'un différend avec Ford, c'est l'ennemi de toujours, le Groupe Fiat, qui remporte la mise à la fin de l'année, en intégrant Alfa Romeo à la liste des entreprises absorbées par le géant automobile. La nouvelle société Alfa-Lancia Industriale est donc créée et des mesures drastiques sont mises en place pour améliorer la gamme, en renforçant la qualité et les synergies pour l'avenir.

La production des modèles Arna et Alfa 90 est arrêtée et toute l'énergie se concentre sur les changements pouvant déjà être mis en place : un léger restyling de la 33 en même temps que deux nouvelles versions de la 75 : l'« America » 1.8 Turbo et la 3.0 V6, dérivées des versions commercialisées aux États-Unis.

Vers la fin de l'année 1987, une nouvelle vedette fait son apparition, l'Alfa Romeo 164, fruit d'un projet collectif initié quelques années auparavant par Alfa Romeo avec deux groupes concurrents, dans le but de réduire les coûts de développement. Les mêmes châssis sont utilisés sur la Fiat Croma, la Lancia Thema et la Saab 9000, mais le modèle milanais est le seul à présenter un style très différent.

In 1986, Romano Prodi, President of the IRI, concluded that, to avoid further losses, it was best to sell Alfa Romeo to a rival car-maker. Following a controversial dispute with Ford, by the end of the year, it was the enemy of old, the Fiat Group, which was victorious, adding Alfa Romeo to its pile of absorbed brands. Thus Alfa-Lancia Industriale was created, immediately introducing harsh measures to improve the range, through higher quality and synergy for the future.

The Arna and Alfa 90 were discontinued and all energy was concentrated on changes which had already been put in motion: a slight restyling of the 33 along with two new versions of the 75: the "America" 1.8 Turbo and 3.0 V6, derived from the versions marketed in the USA.

Towards the end of 1987, a new flagship arrived, the 164, fruit of a joint project which Alfa Romeo had begun some years before with two rival groups in order to cut costs on development. The same chassis were used on the Fiat Croma, the Lancia Thema and the Saab 9000 but the Milanese model was the only one with which gave it a differing style.

L'Alfa 75 est modernisée après le rachat de la société milanaise par le Groupe Fiat. À droite, *deux des modèles phares : le 2.0 Twin Spark* (ci-dessus*) et l'America 3.0 V6* (ci-dessous).

The Alfa 75 was upgraded after the Milan Company entered the Fiat Group. Right two of the most important models: the 2.0 Twin-Spark *(above)* and the 3.0 V-6 America *(below)*.

144

L'Alfa 164 est le fruit d'un projet collectif avec la Fiat Croma, la Lancia Thema et la Saab 9000. Elle fait son apparition en 1987.

The Alfa 164 was fruit of a joint project with the Fiat Croma, the Lancia Thema and the Saab 9000. It appeared in 1987.

La seule ombre à l'horizon est provoquée par Pininfarina, qui avait remis à Peugeot le même projet de design, ayant cru que les problèmes d'Alfa ne pourraient être résolus. Deux ans plus tard, le 605 est commercialisée et présente donc une similitude embarrassante avec la 164.

Une nouvelle ère voit le jour pour Alfa Romeo et marque l'abandon de la propulsion arrière. Le nouveau modèle vedette est en réalité le premier à être doté d'une traction avant.

L'Alfa 75 et l'Alfa 33 sont de nouveau légèrement perfectionnées, respectivement en 1988 et 1989, dans l'attente de la sortie d'un nouveau modèle. Celui-ci fait l'objet d'un projet collectif avec d'autres membres du Groupe Fiat. Cette méthode permet le partage de composants et de plateformes, permettant de réduire les coûts et d'augmenter la qualité. Entre-temps, un nouveau modèle Gran Turismo fait son apparition en 1989. Il est produit en série limitée dans le but de redorer l'image de marque du constructeur. Dessiné par le Centro Stile, mais construit par Zagato, il est baptisé SZ. La mécanique est issue du modèle de course 75 Groupe A, avec un moteur V6 de 3.0 litres et la carrosserie est réalisée en matériaux composites.

The one blot on the horizon was Pininfarina who, believing Alfa Romeo's problems couldn't be resolved, had given the same project design to Peugeot. Two years later, the 605 appeared which bore an embarrassing similarity to the 164.

A new era was beginning for Alfa Romeo. It saw the abandoning of rear wheel drive. In fact, their new flagship was the first with front wheel drive.

The Alfa 75 and 33 were again slightly upgraded in 1988 and 1989 respectively, whilst waiting for a new model to appear. This model had begun as a joint project with other members of the Fiat Group. This allowed for shared components and platforms, reducing cost and improving quality.

Meanwhile, in 1989, a new Gran Turismo sports model arrived. It was not mass-produced in an attempt to regain brand image. Designed by Centro Stile, but built by Zagato, it was called SZ. The mechanics came from the racing 75 Group A with a 3.0 V6 engine whilst the bodywork was entirely thermoplastic panels.

La très originale et futuriste Alfa Romeo SZ (1989) est une production limitée dont la carrosserie est signée Zagato. Elle est entièrement réalisée en matériaux composites.

The unconventional and futuristic 1989 Alfa Romeo SZ, was a limited production with Zagato bodywork entirely in compound materials.

À partir de 1991, une série encore plus limitée est produite, le spider cabriolet RZ (Roadster Zagato).

Le perpétuel Spider connaît sa dernière version en 1990, avec de nouveaux pare-chocs teintés et un arrière arrondi plus épuré et inspiré de la 164.

Le réel changement induit par l'intégration du constructeur milanais au sein du Groupe Fiat n'apparaît qu'en 1992 avec le lancement de l'Alfa Romeo 155. Cette nouvelle berline vouée à remplacer l'Alfa 75 est issue de la même plateforme que celle utilisée pour la Fiat Tipo depuis 1988 et à partir de laquelle divers autres modèles voient le jour au sein du groupe, comme la Fiat Tempra et la Lancia Dedra. C'est une première étape – même si elle ne remporte pas tous les suffrages –, les puristes font grise mine au regard de la traction avant et les lignes sont dessinées par l'Institut IDEA basé à Turin. Les moteurs sont issus de la production concurrente de Fiat et, malgré leurs caractéristiques techniques au-dessus de la moyenne – par exemple, le 2 litres Twin spark à double arbre à cames –, ils ne parviennent pas à satisfaire les Alfistes. Pour eux, cela représente en effet une rupture nette avec le passé. La 155 hérite également de la mécanique de la Lancia Delta Integrale munie d'un système de traction intégrale Q4.

From 1991, an even more limited line was produced, the open-top RZ (Roadster Zagato).

The perennial Spider had its last upgrade in 1990, with new tinted bumpers and a more simple rounded tail, inspired by the 164.

The real change from being absorbed by the Fiat Group only came in 1992 with the launch of the 155. A new saloon set to replace the 75, coming from the same platform used by the Fiat Tipo since 1988 and from which various other models in the group had come e.g. Fiat Tempra and Lancia Dedra. It was a first step – though not one which convinced everyone – purists turned their noses up at the front wheel drive and lines designed by Turin-based IDeA Institute. The engines came from concurrent Fiat production and, despite being technically above par, e.g. the twincam-shaft 2 litre modified with Twin spark, the Alfisti were not content. To them it represented a clear cut from the past. The 155 also inherited mechanics from the Lancia Delta Integrale which was fitted into the Q4 all wheel drive version.

*La 33 Permanent 4 avec
traction intégrale produite
en 1989 (ci-dessus) et la
164 3.0 V6 Turbo sortie
en 1991 (ci-dessous).*

The 1989 33 Permanent 4
with complete traction
(above) and the 1991 164
3.0 V-6 Turbo *(below)*.

La seconde tentative va cette fois porter ses fruits : présenté au Salon de l'automobile de Turin, il s'agit d'un modèle voué à remplacer l'Alfa 33. Le choix est courageux : en réalité, ce n'est pas un, mais deux modèles qui vont sortir des usines du groupe. D'abord l'Alfa 145, une berline 3 portes dotée de lignes innovantes et agressives, conçue par le designer américain Chris Bangle. Au départ, elle coexiste avec l'Alfa 33 dont la production s'arrête seulement l'année suivante avec le lancement du second modèle, l'Alfa 146, la version berline 5 portes. Sur le plan mécanique, les modèles sont de nouveau basés sur les châssis Tipo/155, utilisant toutefois une cylindrée légèrement inférieure, avec un moteur essence boxer classique issu de l'Alfa 33 – une version turbo diesel de 2.0 litres est également produite.

With their second attempt, things went better: debuting at the Turin Motor Show, a model to replace the 33. It was a brave move. There were, in fact, two models. To begin with, the 145, a compact three door saloon with innovative and aggressive lines designed by the American designer Chris Bangle. Initially, it stood alongside the 33 whose production was discontinued the following year with the launch of the second model, the 146, a five door shortback. Mechanically, both were based once again on the Tipo/155 chassis but using slightly inferior displacement with a classic boxer petrol engine from the 33 to which was added a two litre Turbodiesel.

En partant de la photo du haut : *dernière série du spider Alfa introduite en 1990, la 155 (1992) et la RZ, version 2 places de la SZ, produite en édition limitée (1991).*

Clockwise from top photo: final series Alfa Spider, introduced in 1990, the 1992 155 and the RZ, two-seater sports version of the SZ, a limited production from 1991.

En haut, à gauche : *la 145, qui remplace la 33 en 1994*. Page ci-contre : *la 146 cinq portes sortie en 1995* (à gauche),
la 164 ayant fait l'objet d'un restyling en 1994 (en haut, à droite), *le modèle de la 155 présenté en 1995* (en bas, à droite).

Above: the 145, which in 1994 replaced the 33. *Opposite page:* the 1995 five door 146 *(left)*; the 1994 restyled 164 *(top right)*;
the 1995 model of the 155 *(bottom right)*.

En 1995, pour remplacer le prestigieux Spider, Alfa Romeo lance la production de deux nouveaux modèles de sport dont la carrosserie est signée Pininfarina. Sur cette page : *le coupé GTV.*

In 1995, to replace the illustrious Spider, Alfa Romeo started production on a couple of new sports models with Pininfarina bodywork. *This pages:* the coupé GTV.

L'année 1995 voit un autre changement important : deux nouveaux modèles de sport signés Pininfarina sont introduits à la place du glorieux Spider. Naturellement, l'un était un tout nouveau biplace, l'autre un coupé, baptisés tous deux d'un autre nom historique : GTV. S'appuyant sur la traditionnelle plateforme Tipo, leur mécanique est toutefois intégralement revisitée afin d'obtenir un niveau de performance adéquat. Les suspensions arrières sont redessinées pour adopter le type multilink et deux moteurs puissants de 2.0 litres sont proposés : le Twin spark à 4 cylindres et le classique V6 (avec ajout en 1997 du V6 3.0 litres 24 soupapes).

La 155, qui ne connaît pas un succès retentissant, est remplacée en 1997 par une nouvelle berline, l'Alfa 156. Dessinée au Centro Stile Alfa Romeo par Walter De Silva, le père du changement de style de la marque milanaise, elle possède une forme délicate et sinueuse entrecoupée de lignes très nettes abritant une mécanique totalement neuve, que ne partagent pas d'autres modèles du groupe afin de satisfaire une clientèle désireuse de retrouver le caractère sportif de l'Alfa Romeo.

1995 saw another important change. In the place of the glorious Spider, two new sports models designed by Pininfarina appeared. Naturally, one was a completely new two seater, the other a coupé, which took another historical name, GTV. These two were also based on the usual Tipo platform, however, their mechanics were completely revised to give an adequate level of performance – suspensions redesigned to adopt the Multilink form on the rear axle and a couple of powerful two litre engines: the four cylinder Twin spark and the classic V-6 (to which was added in 1997 the 3.0 V-6 24 valve).

The 155, which hadn't had notable success, was replaced in 1997 with a new saloon, the 156. Designed at the Centro Stile Alfa Romeo by Walter De Silva, father of the changing style of the Milanese brand, it had a delicate, sinuous form, broken by sharp lines which covered completely new mechanics, which were not shared with other models in the group in an effort to satisfy customers searching for the Alfa Romeo sporting character.

*Le spider Alfa Romeo, qui
remplace en 1995 le dernier
modèle de la gamme
mythique « Duetto » datant
des sixties.*

*The Alfa Romeo Spider,
which in 1995 replaced
the last of the mythical
1960s Duetto family.*

Son succès va dépasser toutes les attentes et confirmer le bien-fondé du changement opéré au niveau de la gamme. Son excellent moteur, utilisant une nouvelle technologie d'injection common rail, contribue à son succès.

En 2000, une vedette du passé récent est réintroduite : le Sportwagon. Une fois de plus, sa présentation suscite l'approbation du public, ce qui convainc la société de proposer un modèle sport GTA équipé d'un moteur V6 de 3.2 litres, à la fois dans la version berline et la version Sportwagon.

La 164, qui avait subi un léger restyling en 1994, est remplacée en 1998 par la 166. Il s'agit d'un modèle phare de taille imposante monté sur une toute nouvelle plateforme et adoptant de nouveau la traction avant, malgré les critiques des clients et de la direction de la compétition.

La nouvelle gamme est complétée en 2000 avec l'arrivée de la 147, remplaçant les modèles Alfa 145 et 146.

Its success went beyond all expectations and confirmed the wisdom of the move. Its excellent engine, which used new injection technology straight from Common-Rail, added to its success.

In 2000, a success from the recent past was reintroduced: the Sportwagon. Once again, the introduction was met with public approval which convinced the company to offer a sports version GTA fitted with a 3.2 V-6 engine in both saloon and Sportwagon versions.

The 164, which had undergone slight restyling in 1994, was replaced in 1998 by the 166. A flagship of imposing size, it was built on a completely new platform and despite customer criticism and the direction of the competition, front wheel drive was used again.

The new range was completed in 2000 with the arrival of the 147, which replaced the 145 and 146.

Page ci-contre : *le nouvelle berline Alfa Romeo datant de la fin des années 90 : la 156 sortie en 1997 (*en haut*) et la 166 sortie en 1998 (*en bas*).*

Opposite page: the new Alfa Romeo saloon from the end of the 1990s: the 1997 156 *(top)* and the 1998 166 *(bottom).*

Dessinée par De Silva avec le concours de Wolfgang Egger, elle est à l'origine uniquement disponible en version 3 portes. Au début de l'année 2001, la version 5 portes lui emboîte le pas. La plateforme est celle de la 156, modifiée néanmoins pour réduire sa taille. Ce modèle est, lui aussi, accueilli avec un grand succès et promu à une belle durée de vie.

En 2003, toute la gamme Alfa Romeo subit un important lifting de la face avant initié par Giorgetto Giugiaro. C'est d'abord l'Alfa 156 qui ouvre la voie en affichant un avant plus moderne et plus agressif, suivie ensuite des modèles Spider, GTV et 166, subissant des modifications similaires, et enfin de l'Alfa 147 l'année suivante.

En 2004, deux nouveaux modèles dérivés de l'Alfa 156 sont ajoutés à la gamme. Le premier est la version Q4 à transmission intégrale dotée d'un différentiel Torsen Type C uniquement sur le Sportwagon, sur la version normale, et la déclinaison suivante, baptisée Crosswagon. L'autre modèle est le nouveau coupé 4 places signé Bertone. Similaire aux différents modèles du passé, il est dénommé simplement GT. Il est disponible avec un dispositif Q2 (différentiel autobloquant) depuis 2006.

Styled by De Silva with Wolfgang Egger, it was initially only available in a three door version, followed at the beginning of 2001 with the five door one. The platform was that of the 156, duly modified to reduce its size. This model too, was met with great success and was destined to enjoy a long life. In 2003, the entire Alfa Romeo range underwent an extreme face lifting which began with that of the 156 by Giorgetto Giugiaro, who made it more modern and aggressive, and continued with similar modifications on the Spider, GTV and 166, and ended with the 147 the following year. In 2004, two new models were added to the range, both derived from the 156. The first was the all wheel drive Q4 version with a Torsen C system only offered on the Sportwagon, on the normal version and a raised one, which was called Crosswagon. The other mode, was the new four seater coupe styled by Bertone, like similar models in the past, and was called, simply, GT. It has been available with self-locking differential Q2 since 2006.

Page ci-contre : *la 147, inaugurée en 2000 (*à gauche*), et deux nouveaux modèles de la 156, le Sportwagon (*en haut, à droite*) et la berline GTA (*en bas, à droite*)*

Opposite page: the 147, unveiled in 2000 *(top and below left)*, and two new 156 models, the Sportwagon *(top right)* and the GTA saloon *(bottom right)*.

En haut : *la deuxième série du spider Alfa Romeo, introduite en 2003.*
Page ci-contre : *la 147, la 2002 GTA (en haut, à gauche) et la version de 2004 ayant subi un restyling (en bas, à gauche) ;*
la 156 Sportwagon, la 2001 GTA (en haut, à droite) et la version de 2002 ayant subi un restyling (en bas, à droite).

Top: the second series Alfa Romeo Spider, introduced in 2003.
Opposite page: the 147, the 2002 GTA *(top left)* and the 2004 restyled version *(bottom left)*; the 156 Sportwagon, the 2001 GTA *(top right)* and the 2002 restyled version *(bottom right)*.

En haut : *la 156 Crosswagon Q4 avec traction intégrale, commercialisée en 2004.*
Page ci-contre, en partant de la photo en haut à gauche : *la 147 Q2 (2006),*
la 156 Sportwagon Q4 (2004) et les modèles GTV et Spider ayant subi un restyling (2003).

Top: The 156 Crosswagon Q4 with complete traction, marketed in 2004. *Opposite page clockwise from*
top left photo: the 2006 147 Q2, the 2004 156 Sportwagon Q4 and the 2003 restyled GTV and Spider.

*L'Alfa Romeo GT est présentée
en 2003 ; la photo représente
un modèle de 2006 équipé
du différentiel Q2.*

The Alfa Romeo GT
was introduced in 2003;
in the photo the 2006 model
with Q2 differential.

ALFA ROMEO AUJOURD'HUI

Alfa Romeo today

L'histoire des modèles Alfa Romeo actuels débute en 2005, avec le remplacement de la 156. L'Alfa 159 est présentée en mars au Salon de l'automobile de Genève. Dessinée par Giorgetto Giugiaro, elle représente stylistiquement une évolution de la 156 et présente des dimensions plus grandes. Toutefois, sa plateforme est le fruit d'un développement conjoint avec Opel durant la coentreprise entre le Groupe Fiat et General Motors. Cette collaboration n'est cependant pas réitérée pour d'autres modèles. La gamme des moteurs est assez diversifiée : elle se compose presque entièrement de modèles à injection directe, depuis le moteur JTS essence jusqu'au classique JTD diesel. Le sommet de la gamme propose un moteur puissant 3.2 V6 JTS 24 soupapes, disponible également en version Q4 avec transmission intégrale. Comme sa devancière, l'Alfa 159 est également proposée en deux versions : berline et Sportwagon.

The history of present Alfa Romeo models began in 2005 with the replacement of the 156. The 159 was presented at the Geneva Motor Show in March. Styled by Giorgetto Giugiaro, it was stylistically a progression from the 156, though larger in size. However, its platform was fruit of a joint development with Opel during the joint venture between Fiat Group and General Motors, which didn't follow up with other models. The range of engines is quite wide: made up almost entirely of direct injection units, from the petrol JTS to the classic JTD Diesel. At the top of the range is the powerful 3.2 JTS V-6 24 valve, also available in Q4 version with all wheel drive. The 159, like the model it replaced, was offered in two versions: saloon and Sportwagon.

En partant de la photo en haut à gauche : *la 159 Sportwagon, le Spider (2006) et deux illustrations de la Brera.*

Clockwise from top left photo: the 159 Sportwagon, the 2006 Spider and two pictures of the Brera.

Au même moment, lors dudit Salon de l'automobile de Genève, Alfa Romeo présente un nouveau modèle, dérivé d'une magnifique voiture concept conçue par Giugiaro en 2002, qui va susciter l'admiration des Alfistes. La Brera était née : ce coupé 2+2 élégant et agressif a été mis au point pour remplacer le modèle GTV, devenu vieillot. Dans le même ordre d'idée, une version Spider est produite l'année suivante pour également remplacer sa devancière.

En 2007, une autre voiture concept de rêve voit le jour. Sa production est toutefois limitée à 500 exemplaires – tous sont immédiatement achetés par de riches collectionneurs. Présentée au Salon de l'automobile de Francfort en 2003, l'Alfa Romeo 8C Competizione s'inspire clairement de la ligne de la mythique Alfa 33 Stradale des années 60. Telle son ancêtre, elle sort tout droit des pistes de course. En réalité, sa mécanique sophistiquée est issue de la Maserati 4200 GT, tandis que son moteur central V8 de 4.7 litres développant une puissance de 450 CV est signé Ferrari. Sa carrosserie est une monocoque en fibre de carbone montée sur un châssis en acier.

At the same time, on the same Swiss Motor Show, Alfa Romeo introduced a new model coming from a magnificent concept car presented by Giugiaro in 2002, which captivated enthusiasts. The Brera was born: an elegant and aggressive 2+2 coupé which replaced the aged GTV. In the same way, the following year, a Spider was produced to replace the similar previous model.

In 2007, another dream concept car came to life though with limited production of only 500 units, all of which were immediately bought by wealthy collectors. The 8C Competizione, which had been presented at the Frankfurt Motor Show in 2003 was clearly inspired by the form of the mythical 1960s 33 Stradale. Like its ancestor, it arrived directly from the track. In fact, its sophisticated mechanics come from the Maserati 4200 GT, while the central 8 cylinder 4.7-V engine of up to 450hp is built by Ferrari. Its bodywork is a carbon monocoque placed on steel chassis.

L'Alfa Romeo 159 dessinée par Giugiaro (2005) ; la photo représente la version berline.

The 2005 Alfa Romeo 159 designed by Giugiaro, here the saloon model.

L'extraordinaire Alfa Romeo 8C Competizione,
dont seuls 500 exemplaires ont été produits (2007).

The extraordinary Alfa Romeo 8C Competizione,
only five hundred models were produced (2007).

Les deux modèles cabriolets d'Alfa Romeo : le Spider sorti en 2006 (à gauche) et le prestigieux 8C Spider sorti en 2008 (page ci-contre).

The two open-top Alfa Romeo sports models: The 2006 Spider *(left)* and the exclusive 2008 8C Spider *(opposite page)*.

Compte tenu du succès de la 8C Competizione, le CEO du Groupe Fiat, Sergio Marchionne, décide de poursuivre dans cette voie avec un autre prototype : le Spider, présenté au Concours d'Élégance de Pebble Beach en 2005. Le 8C Spider est présenté en avant-première au Salon de l'automobile de Genève en 2008 et sa production, limitée de nouveau à 500 exemplaires, débute l'année suivante.

Comme par le passé, Alfa Romeo est confrontée à la nécessité de stimuler les ventes et décide, dès lors, d'étendre sa gamme vers le bas. Un nouveau modèle compact, jeune et dynamique est produit, permettant ainsi à la prestigieuse marque milanaise de toucher une autre clientèle : la MiTo. Commercialisée en juin 2008, son nom met à l'honneur les deux villes dont elle est issue, à savoir Milan, qui a vu la naissance d'Alfa Romeo, et Turin, où la voiture a été construite. Sa mécanique est dérivée de la Fiat Grande Punto et il s'agit du premier modèle Alfa Romeo à être produit dans les ateliers de Mirafiori.

Given the success of the 8C Competizione, the CEO of the Fiat Group, Sergio Marchionne, decided to follow up with another prototype, the Spider presented at the Concours d'Elegance at Pebble Beach in 2005. The 8C Spider was previewed at the Geneva Motor Show in 2008 and its limited production (again, 500 units) began the following year.

Alfa Romeo, as had happened in the past, needed to boost sales and so decided to project its range down market. A new compact, youthful, dynamic model was produced which drew new customers to the glorious brand. The MiTo arrived in June 2008, its name paying homage to the two cities which produced it: Milan where Alfa Romeo was founded and Turin where the car was built; mechanically derived from the Fiat Grande Punto, it is the first Alfa Romeo model produced in the Mirafiori plant.

Le modèle sportif et compact MiTo fait son apparition en 2008.
Il s'agit de la première Alfa Romeo construite à Turin.

The compact and sporty MiTo appeared in 2008,
the first Alfa Romeo built in Turin.

En haut : *la 159 Sportwagon TI.*
Page ci-contre : *la MiTo (en haut) et le Spider 8C (en bas).*
Top: the 159 Sportwagon TI.

Opposite page: The MiTo *(top)* and the 8C Spider *(bottom)*.

Tout dernier modèle sorti des usines, la Giulietta est la divine héritière de la magnifique 147 et des véhicules ayant porté le même nom par le passé. Techniquement hypersophistiquée et résolument tournée vers l'avenir, elle inaugure une plate-forme pratiquement neuve et affiche une grande modernité sur le plan mécanique avec la boîte à vitesses à double em-brayage, les moteurs (tous équipés d'un turbocompresseur et certifiés Euro 5) avec systèmes Start&Stop comme le T-Jet MultiAir, ainsi que sur le plan électronique avec le sélecteur Alfa DNA, le VDC, le DST et le différentiel Q2.

C'est à la Giulietta que revient le grand privilège de faire en-trer Alfa Romeo dans son second centenaire.

The last model in chronological order is the Giulietta, the fascinating heiress to the glorious 147 and the vehicles which in the past bore the same name. Technically high-ly-sophisticated and progressive, it comes from a practi-cally new platform and displays mechanical sophistica-tion such as the dual-clutch gearbox and the engines – all turbocharged Euro 5 – with Start&Stop systems, e.g. the T-Jet Multiair, and electronics such as the Alfa-DNA selector, the VDC, the DST and the differential Q2.

It will be Giulietta's task to carry Alfa Romeo into its sec-ond century.

La Giulietta, le tout dernier modèle sorti des usines Alfa Romeo. Elle a été présentée au Salon de l'automobile de Genève en 2010, peu avant le centenaire du Biscione.

The Giulietta, the latest Alfa Romeo production.
It was shown at the Geneva Motor Show in 2010,
a little before the brands centennial.

Alessandro Sannia

Né à Turin en 1974, Alessandro Sannia voue une véritable passion aux voitures. Diplômé en architecture, il acquiert d'abord une première expérience dans le secteur du design et des moteurs. Il est aujourd'hui en charge de la stratégie produits au sein du Groupe Fiat Automobiles.

Fasciné depuis toujours par l'histoire des automobiles, il jouit d'une véritable expertise dans ce domaine. Il est membre de l'Automotoclub Storico Italiano, de la prestigieuse Associazione Italiana per la Storia dell'Automobile ainsi que de l'American Society of Automotive Historians. Il travaille comme journaliste freelance pour diverses publications italiennes et étrangères, et est également l'auteur de nombreux ouvrages, dont une série dédiée aux voitures Fiat construites sur commande.
Il a publié aux éditions Gribaudo les ouvrages *Fiat 500 Little Big Myth, Mini Minor, Beetle et Porsche*.

He was born in Turin in 1974 and he is one hundred percent dedicated to cars. *Graduated in Architecture, after previous experience in the world of style and engines he now works as product strategist for Fiat Group Automobiles.*

He has been obsessed with and an expert on the history of automobiles all his life. He is a member of the Automotoclub Storico Italiano, of the prestigious Associazione Italiana per la Storia dell'Automobile and of the American Society of Automotive Historians. He works as a freelance journalist with several Italian and foreign publications and he is the author of numerous books, including a series dedicated to custom-built Fiat cars. For the Edizioni Gribaudo he has written, Fiat 500 Little Big Myth, Mini Minor, Beetle *and* Porsche.